SEPTIÈME ÉDITION

BIBLIOTHÈQUE DES PROFESSIONS
INDUSTRIELLES, COMMERCIALES ET AGRICOLES

TRAITÉ DE LA FABRICATION

DES

LIQUEURS

FRANÇAISES ET ÉTRANGÈRES

SANS DISTILLATION

Augmenté de développements plus étendus, de nouvelles recettes pour la fabrication des liqueurs, du kirsch, du rhum, du bitter, la préparation et la bonification des eaux-de-vie et l'imitation de celles de Cognac, de différentes provenances, de plus la fabrication des sirops.

Par L.-F. DUBIEF

CHIMISTE-ŒNOLOGUE

Arts et Métiers

—

Série G

N° 11

—

PARIS
J. HETZEL ET Cie, ÉDITEURS
18, RUE JACOB, 18

TRAITÉ

DE LA FABRICATION

DES LIQUEURS

FRANÇAISES ET ÉTRANGÈRES

SANS DISTILLATION

PARIS. — IMPRIMERIE GAUTHIER-VILLARS ET FILS,
55, QUAI DES GRANDS-AUGUSTINS.

BIBLIOTHÈQUE DES PROFESSIONS
INDUSTRIELLES, COMMERCIALES ET AGRICOLES

TRAITÉ
DE LA FABRICATION DES
LIQUEURS
FRANÇAISES ET ÉTRANGÈRES
SANS DISTILLATION

SEPTIÈME ÉDITION

Augmentée de développements plus étendus, de nouvelles recettes pour la fabrication des liqueurs, du kirsch, du rhum, du bitter, la préparation et la bonification des eaux-de-vie et l'imitation de celles de Cognac, de différentes provenances, de plus la fabrication des sirops

PAR

L.-F. DUBIEF
CHIMISTE-ŒNOLOGUE

Arts
et Métiers
—

Série G
N° 11

PARIS
J. HETZEL ET Cie, ÉDITEURS
18, RUE JACOB, 18

AVANT-PROPOS

DE LA TROISIÈME ÉDITION.

Encouragé par les succès qu'a obtenus notre *Traité de la Fabrication des Liqueurs,* nous avons remanié tous les articles de cette troisième édition pour la rendre encore plus utile et plus méritoire que les précédentes ; ce qui en fait un ouvrage nouveau, contenant des développements plus étendus, de nouvelles recettes pour liqueurs, kirsch, rhum, préparation et bonification des eaux-de-vie et imitation de celles de Cognac, d'Armagnac, de la Rochelle et de Saintonge, plus la fabrication des sirops.

Pour mettre notre ouvrage à la portée de tous, nous l'avons formulé en termes clairs, familiers et débarrassé de toute gêne scientifique : aussi la personne la moins expérimentée dans l'art du distillateur qui en prendra attentivement connaissance, pourra-t-elle sans autre guide devenir un bon fabricant après quelques essais. Cet ouvrage est donc destiné à rendre plus d'un service, seul but de notre ambition.

TRAITÉ
DE LA
FABRICATION DES LIQUEURS

CHAPITRE PREMIER

DE LA COMPOSITION DES LIQUEURS

Les liqueurs, sans en excepter une seule, sont toutes composées d'esprit ou alcool, de sucre, d'eau commune et de parfum ou arome extrait de diverses substances, le tout dans des proportions qui varient suivant la qualité que l'on désire obtenir et le goût des consommateurs. C'est dire que les liqueurs ont pour bases l'alcool[1], le sucre et l'eau, auxquels on ajoute un ou plusieurs parfums dits principes aromatiques.

La qualité des liqueurs dépend de celle des

[1] Sous le nom d'alcool, la chimie moderne et le commerce désignent les eaux-de-vie et les esprits de toutes provenances et de tous titres ou degrés.

substances employées et aussi de l'attention apportée à leur fabrication, laquelle consiste principalement en ce que dans leur emploi chacune d'elles ne puisse dominer ni en trop ni en moins.

La qualité des liqueurs dépend encore et principalement des quantités d'esprit ou alcool de sucre et d'eau employées dans leur fabrication ; c'est à ce dernier motif qu'est due la division des liqueurs en quatre classes principales :

LIQUEURS ORDINAIRES.
— **DEMI-FINES.**
— **FINES.**
— **SURFINES.**

Les liqueurs prennent encore les noms de *liqueur double*..., *d'eau* de..., *liqueur* de..., etc.

Ainsi, l'on dit alcool de vin, alcool de betteraves à 45, 50 degrés ou plus, lorsqu'ils proviennent du vin ou de la betterave, pour dire eau-de-vie de vin, eau-de-vie de betteraves.

De même alcool de vin, de betteraves et autres à 85 degrés ou plus, pour dire esprit 3/6 ou simplement esprit de vin, esprit de betteraves ou autres. Ce terme étant donc générique pour tous les liquides spiritueux, nous l'admettrons nous-même dans toutes les formules où l'eau-de-vie et l'esprit entreront.

Celui de *ratafia* seul s'applique aux liqueurs des fruits, soit fermentés soit macérés.

Les noms d'*huile,* de *crême* ou d'*élixir*, désignent une liqueur surchargée de sucre; ils correspondent aux liqueurs surfines.

Nous allons, dans le chapitre suivant, faire connaître les quantités recpectives d'alcool, de sucre et d'eau pour chacune des classes de liqueurs, y compris celles des liqueurs parfumées.

CHAPITRE II

—

QUANTITÉ D'ALCOOL, DE SUCRE ET D'EAU A EMPLOYER POUR LES DIFFÉRENTES CLASSES DE LIQUEURS.

Quelles que soient les liqueurs à fabriquer, françaises ou étrangères, les proportions d'alcool, de sucre et d'eau sont toujours les mêmes pour chacune des qualités, à l'exception cependant de quelques-unes, dont nous donnerons les proportions.

Elles sont, pour 100 litres de liqueurs à fabriquer :

	Ordinaires.	Demi-fines.	Fines.	Surfines.
Alcool à 85°.	25 lit.	28 lit.	32 lit.	36 lit.
Sucre.....	12 kil. 500	25 kil.	37 kil. 500	50 kil.
Eau.......	67 lit.	57 lit.	46 lit	34 lit.

Pour une qualité supérieure :

	Ordinaires.	Demi-fines.	Fines.	Surfines.
Alcool à 85°.	30 lit.	33 lit.	36 lit.	40 lit.
Sucre......	15 kil.	35 kil.	40 kil.	55 kil.
Eau........	64 lit.	46 lit.	40 lit.	28 lit.

Dans ces diverses conditions, les liqueurs ne diffèrent pas seulement par leur qualité, mais encore par leur poids spécifique et leurs degrés de densité au pèse-sirop.

Une liqueur à 15 degrés centigrades de température chargée par litre à :

125gr.		(4 onces) de sucre pèse		5	degrés	
250		(8 onces)	—	10	—	
375		(12 onces)	—	15	—	
437	50	(14 onces)	—	17	—	1/2
500		(16 onces)	—	20	—	
562	50	(18 onces)	—	22	—	1/2

Pour savoir de combien de sucre et d'alcool un litre de liqueur est composé, il suffit de plonger dans la liqueur un pèse-sirop de Baumé et un thermomètre centigrade, de prendre ensuite note des degrés indiqués, et de se reporter au rapport ci-dessus comme étant le terme moyen.

On apprécie ensuite la quantité d'alcool en opérant la distillation d'une très-faible partie de liqueur dans le petit alambic d'essai de Salleron, dont il sera parlé à la fin de cet ouvrage.

Pour 100 litres de liqueurs doubles ordinaires :

Alcool à 85°	50 litres
Sucre	25 kilogrammes
Eau	44 litres

Les liqueurs doubles ont pour avantage de faciliter le commerce et le transport; pour les convertir en liqueur ordinaire, on leur ajoute le même volume d'eau bien pure. Une remarque importante à faire à leur égard, c'est que si, dans leur préparation, l'on peut doubler les doses d'alcool, de sucre et d'eau, il n'en est pas de même des essences, attendu qu'étant doublées, une portion se désunirait au moment de l'addition de l'eau, ce qui rendrait la liqueur louche et même laiteuse.

Observons que si pour chaque division de liqueurs, les quantités d'alcool, de sucre et d'eau à employer doivent être toujours les mêmes, il n'en est pas ainsi pour l'emploi des essences, des teintures et des extraits, les quantités de celles-ci à employer devant varier en raison de leur richesse parfumée, et aussi de la composition des liqueurs ; nous pouvons même dire encore suivant le goût des consommateurs, car il en est pour la liqueur de table ce qu'il en est pour la cuisine : il faut que l'assaisonnement, pour être trouvé bon, soit au goût du consommateur. Ces quantités, nous les indiquerons pour chacune des liqueurs en faisant observer de nouveau que, quelles que soient celles à fabriquer, pour obtenir de bons résultats, il est indispensable d'employer des alcools, des sucres et des substances aromatiques de premier choix, et d'apporter tous les soins que nécessite une bonne préparation.

CHAPITRE III

DES TEINTURES AROMATIQUES.

Les teintures aromatiques sont des alcools plus ou moins saturés de principes odorants obtenus sans le secours de la distillation, par la macération de substances végétales ou animales dans l'alcool à une douce chaleur ou simplement à froid ; comme leur plus grande solubilité est en raison du plus d'élévation du degré de l'acool, on emploie généralement pour cette opération l'alcool à 85 ou 90 degrés.

TEINTURE D'AMBRE.

Ambre gris pulvérisé	15 grammes.
Alcool à 85°	1 litre.

Faire macérer pendant 15 à 20 jours en remuant de temps en temps, filtrer est conserver pour l'usage. Lorsque la solution est complète, il est mieux de ne pas la filtrer.

TEINTURE AROMATIQUE DES ANGLAIS.

Faites infuser pendant huit jours dans 500 grammes d'alcool à 85° :

20 grammes de cannelle fine,
12 — de cardamome mineure,
8 — de poivre long et de gingembre.

Filtrez à travers un papier dans un entonnoir fermé.

(Cette teinture stomachique, digestive, doit être prise après le repas, on en prend dix ou douze gouttes dans du thé, du café ou de l'eau-de-vie.)

TEINTURE DE BENJOIN.

Baume de Benjoin en larmes pulvérisé.	125 grammes.
Alcool à 85°.	1 litre.

Opérer comme ci-dessus.

TEINTURE DE CACHOU.

Cachou du Japon pulvérisé.	125 grammes
Alcool à 85°	1 litre.

Opérer comme ci-dessus.

TEINTURE DE CAFÉ.

Bourbon, Moka et Martinique, de chaque.	60 grammes.
Alcool	1 litre.

Torréfier légèrement, réduire en poudre, faire infuser pendant trois jours, tirer à clair, exprimer le marc et filtrer.

TEINTURE DE CALAMENT.

Feuilles sèches de calament	200 grammes.
Alcool	1 litre.

TEINTURE DE GIROFLE.

Girofle réduite en poudre	125 grammes.
Alcool	1 kilog.

Faire digérer à une très-douce chaleur, filtrer, reposer sur le marc, alcool 1/2 litre.

Laisser digérer de nouveau et filtrer.

Les teintures de cannelle et de muscades se préparent de même.

TEINTURE DE GOUDRON.

Goudron de Norwége	25 grammes.
Alcool à 85°	1 litre.

Opérer comme ci-dessus.

TEINTURE D'IRIS.

Iris de Provence en poudre. . . . . 125 grammes.
Alcool . . . . 1 litre.

Filtrer après huit jours de macération.

Cette teinture sert à remplacer la violette.

TEINTURE DE MUSC.

Musc Tonquin . . . . 8 grammes.
Ambre gris . . . . 2 id.
Alcool à 85°. . . . . 1 litre

Opérer comme ci-dessus.

TEINTURE DE STORAX.

Baume de storax Calamites pulvérisé. 125 grammes.
Alcool à 85° . . . . 1 litre.

Opérer comme ci-dessus

TEINTURE DE TOLU.

Baume de Tolu pulvérisé. . . . . . 125 grammes.
Alcool à 85° . . . . 1 litre.

Opérer comme ci-dessus.

TEINTURE DE VANILLE.

Vanille du Mexique bien divisée . . 30 grammes.
Alcool à 85° . . . . 1 litre.

Opérer comme ci-dessus.

Les vases dans lesquels on prépare les teintures doivent être bouchés hermétiquement.

AUTRE MANIÈRE D'EXTRAIRE LES PARFUMS.

OPÉRATION PAR DÉPLACEMENT.

Pour obtenir des parfums plus purs, davantage concentrés et parfumés, au lieu d'opérer par macération, ainsi qu'il vient d'être dit pour les teintures aromatiques, on doit opérer par déplacement, opération qui consiste à introduire un peu de coton légèrement comprimé dans la tige d'un entonnoir en verre et de préférence dans un appareil de déplacement, comme moyen d'éviter toute évaporation. Cela fait, on réduit en poudre fine autant que possible la substance aromatique, et on en forme une pâte molle avec de l'alcool de 85 à 90 degrés, puis on la verse dans l'entonnoir ; la pâte ayant pris sa position et son liquide pénétrant déjà dans le coton, on ajoute de nouveau et doucement de l'alcool de quoi remplir l'entonnoir plus ou moins. Dans cette opération, il est essentiel de ne permettre à l'alcool de ne filtrer à travers le coton que goutte à goutte et un peu lentement ; dans le cas contraire, on doit comprimer davantage le coton dans l'entonnoir ; l'opération se trouve terminée aussitôt que le liquide filtrant devient d'une saveur fade ou étrange.

Ce mode de procéder a l'avantage de procurer des extraits plus suaves et davantage parfumés que par tous les moyens connus ; de plus, les premières filtrations étant les plus aromatiques, on a encore la possibilité d'obtenir de la même opération une variante de qualité ; cela s'obtient en mettant à part, de distance à distance, le produit écoulé.

Pour obtenir de la vanille davantage de parfum et de finesse, on doit la piler ou la broyer avec un peu de sucre, puis la passer au tamis : le sucre n'étant pas soluble à froid dans l'alcool, reste sur le coton après la filtration.

CHAPITRE IV

DES INFUSIONS.

L'infusion a pour objet d'extraire les principes solubles des substances que l'on soumet à son pouvoir. On l'opère en laissant en contact direct les substances à infuser avec un liquide quelconque pendant un temps plus ou moins long, avec ou sans le secours de la chaleur.

Cette opération prend, selon les circonstances, les noms d'infusion, digestion ou macération, mots qui désignent une seule et même opération, à quelques modifications près, dans les procédés.

Lorsque les principes que l'on veut extraire sont solubles dans l'eau et en même temps peu volatils, on verse le liquide bouillant sur la substance à infuser, on couvre le vase avec soin pendant quelques minutes, ou même pendant quelques heures, selon que la substance se laisse pénétrer plus ou moins facilement, et selon que l'on veut avoir une infusion plus ou moins chargée ; c'est l'infusion proprement dite.

Si l'on fait infuser des feuilles ou fleurs sèches, on commence par les humecter avec un peu d'eau bouillante, et on leur donne le temps de se développer et de se ramollir avant d'y verser le surplus. Les infusions faites en une seule fois, ainsi que beaucoup de personnes le pratiquent, ont moins de saveur et moins de parfum que les autres.

L'infusion prend le nom de *macération* quand elle se fait à froid. Celle-ci est beaucoup plus longue que l'infusion proprement dite ; elle dure rarement moins de deux heures, quelquefois un ou plusieurs jours, plusieurs semaines ou des mois entiers, selon que les principes qui composent les substances destinées à son action sont plus ou moins solubles.

La *digestion* est une infusion ou macération prolongée, qui se fait ordinairement à une température moyenne entre celle de l'infusion proprement dite et celle de la macération ; son objet, dans la fabrication des liqueurs, est d'imprégner l'alcool des principes d'une substance qui ne les lui abandonnerait que difficilement sans le secours d'un certain degré de chaleur.

Quel que soit le mode d'infusion employé, il est indispensable que les vases dans lesquels on l'opère soient fermés hermétiquement, afin de rendre impossible la volatilisation des principes les plus subtils.

Pour bien opérer dans toute infusion, il faut diviser les substances à infuser par un moyen quelconque, afin qu'elles présentent plus de surface à la fois à l'action du liquide ; agiter de temps à autre le vaisseau qui les renferme, pour renouveler ces mêmes surfaces ; proportionner la durée de l'opération à la consistance des matières : enfin soumettre chacune au genre d'infusion qu'elle exige, selon sa nature.

Bien qu'il convienne de diviser les substances destinées aux infusions, néanmoins il y a quelques circonstances où il convient de laisser entières les substances à infuser ; c'est principalement lorsque la vertu principale réside dans la superficie. Les oranges, les citrons, par exemple, sont de ce nombre.

Ainsi que nous l'avons dit plus haut, la durée de l'infusion, de la macération ou de la digestion doit être subordonnée à la nature des principes que l'on veut extraire et à leur solubilité

Le principe odorant, par exemple, étant ordinairement le plus soluble de tous, surtout dans l'alcool ou esprit de vin, quel qu'en soit le degré, il vaut mieux, lorsque c'est celui-là que l'on recherche spécialement, forcer un peu la dose et abréger la durée de l'infusion, afin d'avoir des produits plus suaves ; une infusion ou une macération à froid, comme à chaud, donne des liqueurs âcres et épaisses quand elle a duré trop longtemps.

L'expérience nous ayant démontré qu'à un petit nombre d'exceptions près, les infusions et macérations promptement faites sont les meil leures, nous conseillons d'appliquer ce principe à presque toutes les liqueurs et ratafias qui n'auront pas pour bases de leur composition les fruits sucrés ; ceux-ci, au contraire, demandent une macération plus prolongée pour le développement du parfum.

Dès qu'on juge que l'infusion ou la macération a duré assez longtemps, on retire la liqueur de dessus son marc, on presse celui-ci quand il en a besoin, on laisse éclaircir ou on filtre le produit de la macération, et alors seulement on ajoute le sucre, et il doit en être toujours de la sorte, le sucre diminuant la propriété de l'alcool pour dissoudre les substances végétales.

INFUSION DE BROU DE NOIX.

Noix vertes morveuses, c'est-à-dire celles que l'on peut traverser avec une épingle . . . . 10 kilog.
Alcool à 58 degrés. . . . . 10 litres.

Piler les noix, les laisser bien brunir à l'air pendant 24 à 36 heures, rarement davantage, puis les couvrir avec l'alcool, et les laisser infuser le plus longtemps possible et le moins pendant trois mois.

A défaut de noix morveuses, comme étant d'un goût plus délicat, on peut néanmoins employer la noix qui est davantage formée.

Toujours est-il que l'infusion de brou de noix gagne de qualité en vieillissant, et qu'elle vieillit les eaux-de-vie en leur donnant tout à la fois un goût de rancio.

INFUSION DE COQUES D'AMANDES AMÈRES.

Coques d'amandes amères	5 kilog.
Alcool à 85 degrés	20 litres.

Faire légèrement torréfier les coques d'amandes amères à la manière du café et les jeter toutes chaudes dans un vase contenant l'alcool, fermer soigneusement, laisser infuser pendant deux mois, tirer à clair et filtrer s'il y a lieu.

INFUSION DE CURAÇAO.

Pour 4 litres d'alcool à 85° on prend 2 kilog. d'écorce de curaçao de Hollande qu'on pilera sans les zestes, Dix jours suffisent pour l'infusion, on tire au clair et on filtre.

(On peut en rechargeant les écorces avec une

même quantité d'alcool, obtenir une nouvelle infusion).

ÉLIXIR DE CAGLIOSTRO.

Faites digérer pendant quinze jours dans 1 kil. 500 grammes d'eau-de-vie :

Girofle.	8 grammes de chaque.
Cannelle, ...	
Muscade.	
Safran	2 grammes de chaque.
Gentiane.	
Tormentille . . .	
Aloës soccotrin .	24 grammes.
Myrrhe.	12 »
Thériaque fine .	24 »
Musc.	1 centigramme.

Filtrez et ajoutez 750 grammes de sirop de fleurs d'oranger.

(L'élixir de Cagliostro est recommandé dans les faiblesses d'estomac, les digestions lentes et les pâles couleurs.)

INFUSION DE FRUITS DE CASSIS.

Deux moyens se présentent pour opérer l'infusion :

Le premier consiste à écraser le fruit par un moyen quelconque, le mettre de préférence dans un fût de moyenne grandeur qu'on remplit environ aux trois quarts, le laisser ensuite cuver seul pendant deux ou trois jours, puis remplir le fût avec de l'alcool à 85 degrés, et remuer l'ensemble au moins une fois par jour pendant une semaine ; après cinq ou six semaines d'attente on peut employer l'infusion.

Le second moyen est plus simple, il suffit simplement d'introduire le cassis dans un fût, de le couvrir d'alcool à 85 degrés, et d'attendre également cinq ou six semaines pour avoir un bon résultat.

Ces deux moyens de préparer l'infusion de cassis sont également bons et généralement employés ; mais par cela même qu'ils diffèrent dans leur exécution, les produits diffèrent eux-mêmes de propriétés : ainsi, par le premier moyen, l'infusion est plus forte en couleur ; par le second, au contraire, c'est le goût du fruit qui domine ; deux avantages dont le fabricant peut disposer suivant ses besoins.

De quelque manière que l'on opère l'infusion, elle peut être rechargée plusieurs fois avec une nouvelle quantité d'alcool. Dans ce cas, la deuxième charge devra être faite avec de l'alcool à 58 degrés, la troisième avec de l'alcool à 48 degrés ; puis, enfin, l'épuisement complet avec l'eau.

Les différents résultats se distinguent par *première infusion* ou infusion *vierge*, *deuxième infusion*, suivant l'ordre des chargements, et donnent lieu, dans leur emploi, à des quantités différentes pour la fabrication du cassis, ainsi que nous le démontrerons.

INFUSIONS DE FEUILLES DE CASSIS.

Faire infuser 10 kilogrammes de feuilles de cassis dans 30 ou 40 litres d'alcool ; un mois après soutirer et laisser s'éclaircir.

INFUSIONS DE FRAMBOISES.

Prendre des framboises bien mûres, les monder et les faire macérer dans autant de litres d'alcool que de litres de framboises épluchées : un grand mois après, on peut disposer de l'infusion claire pour parfumer le cassis à volonté, ou en faire une liqueur spéciale.

En préparant du cassis framboisé, on observera de diminuer sur l'emploi de l'infusion de cassis la même quantité que l'on aura l'intention d'ajouter d'infusion de framboises.

Quelques personnes aiment encore à rencontrer la saveur de la merise ; son infusion se prépare comme celle de la framboise, c'est-à-dire par égale partie en mesure de merises et d'alcool à 85 degrés.

INFUSION D'IRIS.

Dans 40 litres d'alcool à 85 degrés faire macérer pendant 15 à 20 jours 5 kilogrammes d'iris de Florence. Avoir soin d'agiter de temps en temps.

INFUSION DE VANILLE.

Couper en très-petits morceaux 300 grammes vanille du Mexique et faire macérer pendant quinze jours au moins dans 20 litres d'alcool à 85 degrés. Agiter souvent.

AUTRE INFUSION DE VANILLE DITE INSTANTANÉE.

On triture dans un mortier 40 grammes de vanille du Mexique, coupée en petits morceaux et

250 grammes de sucre des colonies, pour 2 1/2 litres d'alcool à 85°. Après trituration, on met au bain-marie dans un vase de cuivre étamé ou dans des bouteilles de grès, mais sans laisser arriver l'eau à l'ébullition. Après refroidissement, décanter et filtrer.

INFUSION DE VINAIGRE FRAMBOISÉ.

Framboises bien mûres et mondées.	20 kilogrammes.
Bon vinaigre de vin	24 litres.

Laisser infuser pendant plusieurs mois dans un vase bien clos, tirer au clair, exprimer, et laisser l'infusion en repos sans la coller, mais la filtrer si après l'expression on veut employer l'infusion de suite.

INFUSION DE MÉLISSE.

On prend 1 kilogramme de feuilles sèches de mélisse qu'on laisse macérer pendant quinze jours dans 4 litres d'alcool à 85°.

INFUSION D'ŒILLET ROUGE.

Fleurs d'œillet rouge, mondées de leur calice .	500 gram.
Girofle concassé.	20 décigr.
Alcool à 85 degrés.	20 litres.

Laisser infuser pendant un mois, tirer à clair, et recharger le marc de 15 litres d'alcool à 60 degrés afin d'épuiser la partie colorante des fleurs.

—

Les infusions de baies de myrtille, de sureau ou d'hièble dont on se sert pour colorer les liqueurs se préparent à tort en faisant infuser ces fruits dans l'eau jusqu'à ce qu'il s'établisse une légère fermentation, les exprimant et ajoutant un peu d'alcool à la liqueur filtrée ; nous avons, dans notre troisième édition du *Trésor des Vignerons et des Marchands de vins* (1) que nous venons de faire paraître, indiqué des moyens plus rationnels pour obtenir de ces fruits davantage de couleur, plus de finesse et une plus longue conservation.

(1) 1 vol. in-18. Paris, 1870, E. Lacroix, éditeur. — Prix, 5 francs.

—

CHAPITRE V

DE LA COLORATION DES LIQUEURS.

Les couleurs jaune, rouge, verte et autres, que l'on donne aux liqueurs, n'ont été imaginées que pour flatter la vue ; elles ne contribuent en rien à la bonne qualité des liqueurs.

La coloration des liqueurs est donc plutôt un objet de fantaisie que de nécessité ; en général, elle n'est pas favorable à la fabrication des liqueurs ; en même temps qu'elle contribue à altérer et à dénaturer le parfum des liqueurs, elle agit, avec le temps, sur sa nuance naturelle.

Bien que nous ne soyons pas partisan de la coloration artificielle des liqueurs, néanmoins comme il se rencontre des consommateurs qui trouvent autant de satisfaction dans la variété des couleurs que dans la diversité des saveurs, nous allons entrer dans les détails de leur préparation, observant une fois pour toutes que, pour conserver leur durée dans la liqueur, il faut adjoindre 10 à 15 grammes d'alun fondu dans le moins d'eau possible pour chaque 100 litres de liqueur colorée ; encore arrive-t-il qu'avec le temps, plusieurs perdent de leur intensité, si même elles ne la perdent pas entièrement, à l'exception pourtant des liqueurs colorées en jaune par une infusion appropriée qui, en général, se nuance davantage.

COULEUR BLEUE.

PRÉPARATION.

Prendre 1 litre d'eau.
1/2 — d'alcool à 85 ou 90 degrés.
10 grammes d'indigo flor pulvérisé très-fin.
50 — d'acide sulfurique à 66 degrés.
100 — de blanc d'Espagne en poudre.

Faire chauffer l'acide sulfurique dans un vase en terre ou en porcelaine, sur un feu doux ;

ajouter l'indigo par petite quantité, afin d'éviter une trop grand effervescence ; remuer sans discontinuer avec une spatule de porcelaine, jusqu'à parfaite dissolution ; ôter ensuite du feu, ajouter l'eau peu à peu, neutraliser le tout en projetant le blanc d'Espagne par petite quantité, afin d'éviter une effervescence trop brusque. Toute effervescence ayant cessé, mettre à filtrer sur du papier, laisser refroidir, et ajouter l'alcool pour aider à la conservation.

PROPRIÉTÉ.

L'emploi du bleu seul procure toutes les nuances de bleu désirées.

Avec le rouge, il donne le violet.

Avec le caramel, il donne depuis le vert olive jusqu'au vert pré très-vif.

Avec le safran, le curcuma, les mêmes nuances qu'avec le caramel.

Le curcuma étant d'un mauvais usage, nous n'en conseillons pas l'emploi.

COULEUR BLEU VIOLET OBTENUE DIRECTEMENT.

Cochenille pulvérisée. . . . . . . 7 grammes.
Alcool à 85 ou 90 degrés . . . . . 1 litre.
Alun calciné en poudre . . . . . . 5 grammes.
Alcali volatil. . . . . 10 —

Faire infuser la cochenille dans l'acool pendant huit jours, décanter et filtrer, puis ajouter l'alun et ensuite l'alcali.

COULEUR JAUNE BRUNATRE OU CARAMEL.

Prendre 6 litres de bonne mélasse de canne de raffinerie.
(Le litre de mélasse pèse 1 kilog. 400 gr)
2 litres 1/2 d'eau.
5 grammes de beurre très-fin, ou, à défaut, même quantité de cire vierge[1].
Eau-de-vie à 22 degrés, quantité suffisante.

PRÉPARATION.

Mettre chauffer la mélasse jusqu'à grande ébullition, en l'agitant continuellement avec une spatule en bois ou un bâton aminci. Lorsque les boursouflements sont trop grands, jeter dessus le

[1] Lorsque l'on se sert d'une bassine un peu grande, on peut supprimer ces deux dernières.

beurre ou la cire vierge, puis continuer la cuisson jusqu'à complète caramélisation de la mélasse, ce qui se reconnaît lorsqu'en versant quelques gouttes de la cuisson sur une assiette mouillée légèrement, elles cessent d'y adhérer ; retirer alors du feu et ajouter au caramel, peu à peu et toujours en remuant, les 2 litres 1/2 d'eau que l'on a eu le soin de tenir bouillante. Le caramel une fois refroidi, l'allonger en y versant douze litres d'eau-de-vie à 22 degrés, et mettre ensuite à filtrer dans une poche en laine. Par l'addition de l'eau-de-vie, on obtient un caramel qui ne trouble pas les eaux-de-vie, et qui ne dépose jamais. Cette couleur sert principalement à colorer les eaux-de-vie.

PROPRIÉTÉ.

Le caramel donne la couleur du jaune le plus clair jusqu'au plus foncé ; mêlé au bleu, il procure le vert pâle, le vert olive jusqu'au vert pré le plus prononcé ; avec le rouge, il donne le jaune ambré ; avec le safran, le jaune d'or.

COULEUR ROUGE.

Pour obtenir la couleur rouge, on emploie indifféremment les substances ci-après :

La cochenille.
L'hématine.
Le cudbéar.
Le bois de Brésil.
Le bois de Fernambouc.
L'orseille.

Leur proportion et leurs qualités n'étant pas les mêmes, il est bon de les faire connaître.

COULEUR ROUGE A LA COCHENILLE.

COMPOSITION.

125 grammes cochenille noir pulvérisée.
30 — alun de Rome en poudre.
20 — de crème de tartre.
2 litres alcool.
1 — eau.

PRÉPARATION.

Faire bouillir l'eau, y projeter la cochenille ; puis, après quelques bouillons, l'alun et la crème de tartre ; après avoir remué le tout pendant 20 à 25 minutes, retirer du feu, laisser refroidir et ajouter l'alcool.

Dans cette opération, la crème de tartre sert à faire virer la couleur au rouge et l'alun pour la fixer : l'acool n'est qu'un conservateur.

PROPRIÉTÉ.

Cette couleur peut produire depuis le rose clair jusqu'au rouge foncé, suivant que l'on en mettra plus ou moins ; mêlée avec le bleu, elle procure le violet ; avec le caramel ou le safran, le jaune ambré, le jaune orangé.

COULEUR ROUGE A L'HÉMATINE.

50 grammes hématine en poudre.
1 litre d'alcool.

Faire infuser deux à trois jours en agitant de temps en temps et mettre à filtrer. Sur le marc restant, ajouter d'autre alcool pour épuiser toute la partie colorante.

Cette couleur est employée principalement

pour les curaçaos fins et surfins, en observant toutefois de faire virer la couleur de la liqueur au jaune d'or ou ambrée par l'addition d'un peu d'acide acétique ou mieux d'acide tartrique.

Il est bon d'observer qu'un peu trop d'acide ferait virer la liqueur au jaune paille. Pareille chose arrivant, on rappellera la nuance désirée à l'aide de quelques gouttes de dissolution de soude ou de potasse.

COULEUR ROUGE AU CUDBÉAR

1 kilog. cudbéar en poudre.
2 litres 1/2 alcool.

Mettre en infusion pendant six ou huit jours en remuant de temps en temps, filtrer ensuite pour servir au besoin.

On peut, comme pour l'hématine, obtenir l'épuisement complet de la partie colorante par de nouveaux chargements d'alcool.

Cette couleur est également usitée pour les curaçaos fins et surfins en faisant virer sa nuance au jaune d'or par les mêmes moyens que nous avons indiqués pour l'hématine.

COULEUR ROUGE AU BOIS DE BRÉSIL ET DE FERNAMBOUÇ

1 kilog. bois de Brésil.
1 — Fernambouc.
30 grammes crème de tartre en poudre.
5 litres d'alcool.

Hacher bien menu chacun des bois, les mélanger ensuite ou bien les placer par couches dans un vase, une de l'un, une de l'autre, en les saupoudrant chacune avec la crème de tartre, puis ajouter l'alcool de manière à les recouvrir et laisser macérer pendant huit jours.

On peut, comme au cudbéar et à l'hématine, épuiser toute la partie colorante par de nouveaux chargements d'alcool.

Les couleurs du bois de Brésil et de Fernambouc sont rouges ; il suffit, comme à la couleur de l'hématine et du cudbéar, d'y ajouter quelques gouttes d'acide acétique ou tartrique pour les faire virer au jaune d'or ; comme à celles-ci, un peu trop d'acide fait virer au jaune paille ; comme à elles encore, quelques gouttes de dissolution de soude ou de potasse rappellent non-seulement la couleur d'or désirée, ainsi qu'il doit en être pour les liqueurs de curaçao, mais même la couleur primitive.

COULEUR ROUGE AU BOIS DE FERNAMBOUC

1 kilog. bois de Fernambouc haché.
45 grammes alun de Rome pulvérisé.
30 — crème de tartre en poudre.
3 — carbonate de potasse.
8 litres eau commune.

Faire bouillir l'eau et le carbonate de potasse, ajouter le bois de Fernambouc, continuer l'ébullition jusqu'à réduction de moitié de l'eau employée, retirer du feu et ajouter la crème de tartre et l'alun, remuer pendant 20 minutes et passer à travers un tamis de crin.

Dans cette opération, le carbonate de potasse est employé pour faciliter l'extraction de la partie colorante, dont la nuance est d'un rouge violet, la crème de tartre pour faire virer la couleur au rouge foncé et l'alun pour la fixer.

Pour faire virer la nuance rouge au jaune d'or, suivre en tout point ce que nous avons dit pour la couleur à l'hématine.

COULEUR ROUGE A L'ORSEILLE.

1 kilog. orseille humide ou en pâte.
2 litres 1/2 alcool à 85 ou 90 degrés.

Mettre en infusion 6 ou 7 jours en remuant de temps en temps, tirer à clair ou filtrer pour servir au besoin.

Le rouge d'orseille est le moins avantageux, aussi ne s'en sert-on guère que pour les liqueurs ordinaires.

COULEUR ROUGE AU SANTAL.

Bois de santal rouge	15 grammes.
Alcool	1 litre.

Faire infuser 48 heures, filtrer et conserver.

COULEUR JAUNE AU SAFRAN.

125 grammes safran gâtinais.
2 litres eau.
1 litre alcool.

Mettre infuser le safran dans 1 litre d'eau bouillante, et couvrir ; après refroidissement tirer à clair, exprimer ensuite le safran pour le mettre infuser de nouveau dans le second litre d'eau également bouillante. Après refroidissement tirer à clair, réunir les deux infusions, et leur joindre l'alcool afin de pouvoir la conserver.

La couleur au safran ne peut pas s'employer pour toutes les liqueurs qui se colorent en jaune, à cause de son goût particulier ; son usage est plus particulièrement pour l'élixir de Garus, le scubac, la liqueur de la Grande-Chartreuse, celle de Raspail, l'eau d'or et l'huile de Vénus.

AUTRE COULEUR JAUNE AU SAFRAN.

Safran gâtinais.	40 grammes.
Alcool à 85 degrés.	2 litres.

Faire infuser le safran dans la moitié de l'alcool ; 15 jours après exprimer, remettre infuser le safran dans le restant de l'alcool, plus tard exprimer, réunir les produits, les laisser déposer et tirer à clair puis filtrer le dépôt.

COULEUR VERTE.

On obtient cette couleur en laissant infuser à froid dans l'alcool les feuilles de véronique, d'ortie ; cette dernière mérite la préférence comme ne laissant que peu ou point de saveur ; elles doivent être cueillies avant leur floraison, car la chlorophylle est moins abondante que dans celles qui ne sont pas encore arrivées à ce point de maturité.

Elle s'obtient encore par un mélange de couleur jaune au safran ou au caramel avec la couleur bleue.

Par des quantités variées de chacune de ces couleurs, on obtient depuis le vert feuille morte et vert olive jusqu'au vert pré foncé.

Quelle que soit la nuance de vert donnée à la liqueur, il est indispensable, avons-nous déjà dit, pour la fixer, d'ajouter, pour 100 litres, au moins 15 grammes, au plus 30 grammes d'alun.

Ajoutons que, quel que soit le moyen employé pour donner la couleur verte à l'absinthe, la nuance tiendra d'autant plus longtemps que cette liqueur sera forte en degrés, et qu'elle tiendra d'autant moins que les degrés de l'absinthe seront plus faibles.

COULEUR ROSE.

Pour l'obtenir, voir l'article couleur à la cochenille, comme méritant la préférence.

COULEUR VIOLETTE.

On produit toutes les nuances de violet au moyen d'un mélange de couleur rouge et de couleur bleue.

Il est défendu de faire usage des produits minéraux dans la préparation des liqueurs. (*Ordonnance de police de Paris*, le 15 juin 1862.)

Nous croyons devoir rappeler cette défense. L'emploi des produits minéraux a donné lieu à de nombreux accidents dans les familles.

CHAPITRE VI

DU MÉLANGE.

Pour faire les mélanges avec le plus de facilité dans la fabrication en grand des liqueurs, on doit se munir de deux vases, nommés *Conges*, qui puissent se fermer hermétiquement.

Ces vases doivent porter une échelle dans leur intérieur, indiquant pendant le mélange la quantité d'eau, d'alcool, et le produit du sucre après sa dissolution. Cette échelle est souvent remplacée par un bâton ou étalon gradué pour chacun des conges lorsque leur forme est différente.

Un de ces conges est employé pour le mélange des essences et au moins les trois quarts de l'alcool nécessité par la formule de la liqueur à fabriquer.

L'autre est uniquement pour mêler le restant de l'alcool nécessaire de la liqueur au sirop provenant du sucre fondu dans la totalité de l'eau prescrite.

Ce procédé d'introduire de l'alcool dans le sirop a pour avantage d'empêcher l'eau ou la partie aqueuse du sirop de décomposer en partie les essences, et d'éviter aux liqueurs d'être troubles, même laiteuses ; aussi, par ce moyen, qui est le nôtre et que nous rendons public pour la première fois, la filtration ou la clarification des liqueurs se fait-elle plus promptement et d'une manière plus parfaite.

Le mélange, quel qu'il soit, doit toujours se faire à froid, la chaleur faisant exhaler les parties les plus volatiles et les plus aromatiques qu'il est essentiel de conserver.

Devant donner la manière d'opérer les mélanges, nous n'en parlerons pas ici.

Le repos est favorable aux liqueurs ; ce n'est qu'au bout de quelques jours, lorsque tous les principes qui les composent sont bien combinés, que l'on peut les apprécier par la dégustation ; aussi tout bon fabricant doit-il attendre ce moment pour reconnaître si elles ne pèchent pas par une chose ou par une autre, afin d'y porter remède avant de mettre à clarifier ou à filtrer.

C'est ici le cas de rappeler ce que nous avons déjà dit de n'employer pour la fabrication des liqueurs que des substances de premier choix et surtout sans mélange ; on doit même, dans l'intérêt d'une bonne réussite, pousser ce soin jusqu'à la minutie.

CHAPITRE VII

DU PERFECTIONNEMENT DES LIQUEURS PAR LE TRANCHAGE.

Les spiritueux et les liqueurs sont comme le vin, ils acquièrent, en vieillissant, de la finesse et du velouté, qualités qui font leur véritable mérite. Les liqueurs, en effet, n'ont jamais dans leur nouveauté, ce fondu, cette finesse, ce velouté et cette uniformité de saveur que le temps leur donne ; le sucre n'y couvre pas aussi complétement que par la suite le montant de certains aromates et la saveur vive et pénétrante de l'alcool, principalement lorsque l'on n'a pas neutralisé l'acide libre qui existe dans ce dernier par de l'alcali volatil, ainsi que nous l'avons conseillé.

Mais ce que le temps peut faire, l'art le peut aussi. Voici les procédés que l'art a imaginés pour arriver au même but ; on leur a donné le nom de *tranchage :*

1° Mettre la liqueur à chauffer au bain-marie, le plus lentement possible jusqu'à ce que la main appuyée sur le couvercle du bain-marie ne puisse plus résister à la chaleur ; ôter du feu et laisser refroidir.

2° Continuer d'échauffer la liqueur jusqu'à la distillation d'un ou plusieurs centilitres ; ce moyen a l'avantage sur le premier de procurer à chaque tranchage une égale température, et d'éviter de s'en rapporter à la sensibilité de la main, qui est variable pour chacun de nous. En général, cette opération réussit mieux sur une grande masse que sur une petite.

Le vieillissement des liqueurs ne s'obtient pas seulement par le *tranchage*, mais encore par leur séjour plus ou moins prolongé dans une étuve fortement chauffée ; si ce mode d'opérer n'est pas préféré à celui du tranchage proprement dit, on doit l'attribuer à la grande déperdition qu'il occasionne et plus encore sans doute aux craintes d'incendie.

Un autre moyen qui produit les mêmes effets et qui ne peut occasionner ni incendie ni aucune évaporation, est l'emploi de la glace : en effet, si l'on plonge les liqueurs pendant dix à douze heures, selon la quantité, dans de la glace pilée, qu'on les retire pour les laisser reprendre leur première température et qu'on leur donne un second bain de glace, on parvient non-seulement à lier plus intimement les éléments de la liqueur, mais à donner à son parfum plus de développement.

Il résulte de ces différentes manières d'opérer que les composés des liqueurs n'étant encore qu'à l'état de mélange pur et simple, se combinent et s'identifient en quelque sorte les uns avec les autres, de manière à ne plus former qu'un tout de même nature dont le palais le plus exercé et l'odorat le plus délicat ne sauraient alors distinguer isolément ni l'odeur ni la saveur des ingrédients qui composent les liqueurs, si elles sont dosées convenablement.

Le *tranchage* ne s'emploie pas habituellement pour les liqueurs ordinaires, ni demi-fines, mais il est nécessaire aux liqueurs fines et indispensable aux liqueurs surfines, surtout lorsqu'elles sont destinées à l'exportation.

On doit opérer le tranchage avant la coloration, la clarification et la filtration des liqueurs.

CHAPITRE VIII.

DU COLLAGE DES LIQUEURS.

Le collage est un mal nécessaire lorsque l'on est obligé de l'employer ; si l'on pouvait attendre du temps la clarification des liqueurs, elles seraient plus fines, plus parfumées et plus savoureuses.

L'art devant suppléer au temps, on doit avoir recours au collage ou à la filtration, et quelquefois, pour les liqueurs surfines, par exemple, aux deux opérations simultanément, comme moyen non-seulement plus prompt, mais certain, d'obtenir une limpidité irréprochable.

On emploie pour le collage diverses substances :

L'ALBUMINE OU BLANC D'ŒUF.
LA COLLE DE POISSON OU ICHTHYOCOLLE.
LA GÉLATINE.
LE LAIT.
LA POUDRE LEBEUF ET Ce.

L'action clarifiante n'étant pas de même puissance dans ces diverses substances, nous en établirons le choix suivant les liqueurs à clarifier.

Ainsi, nous conseillerons de prendre la colle de poisson, le blanc d'œuf et la poudre Lebeuf et Ce pour clarifier toutes les liqueurs fortement chargées en sucre, comme liqueurs fines et surfines, tandis que, pour les liqueurs demi-fines et les liqueurs ordinaires, on pourra se servir indistinctement des autres substances.

COLLAGE A L'ALBUMINE OU BLANC D'ŒUF.

Prendre le blanc d'un œuf pour chaque 10 litres de liqueur, le battre sans y ajouter d'eau jusqu'à ce qu'il soit en mousse, et introduire cette mousse dans la liqueur jusqu'à parfaite incorporation.

L'albumine, par sa viscosité, forme bientôt

une sorte de réseau qui, en se précipitant, entraîne toutes les parties hétérogènes. Pour une clarification plus parfaite, il est mieux de verser de suite la liqueur sur le filtre que d'attendre son éclaircissement par le repos.

COLLAGE A LA COLLE DE POISSON.

En prendre 10 grammes pour 100 litres de liqueur, les diviser le plus possible, les mettre tremper dans un litre d'eau environ douze heures, placer le tout sur un feu très-doux pour obtenir une dissolution complète, et passer à travers un tamis de crin ; après refroidissement, battre la colle, qui a pris la forme d'une gelée, en y ajoutant peu à peu 2 litres de liqueur. Verser le tout dans la liqueur restante, et bien battre pendant cinq à dix minutes.

Cette colle est, avons-nous dit, préférable pour les liqueurs fortement sucrées et plus spiritueuses.

COLLAGE A LA GÉLATINE.

En prendre 30 grammes pour 100 litres de liqueur, faire fondre sur un feu très-doux, dans 1 litre d'eau. Aussitôt refroidie, fouetter la colle en l'allongeant peu à peu avec la liqueur, battre ensuite le tout ensemble jusqu'à parfaite incorporation.

COLLAGE AU LAIT.

En faire bouillir un litre, le verser de suite dans 100 litres de liqueur, battre fortement, et ajouter 15 grammes d'alun ou mieux 15 grammes de sel de nitre, et battre de nouveau.

COLLAGE A LA POUDRE LEBEUF ET Ce.

L'emploi de la poudre Lebeuf et Ce, dite *poudre filtrante*, est des plus faciles.

On verse dessus un peu d'eau froide, de manière à former une pâte bien mollette et sans grumeaux, que l'on rend fluide ensuite en ajoutant peu à peu la valeur d'un litre d'eau ; on fouette alors jusqu'à ce que la solution soit bien mousseuse, et on la verse dans la liqueur que l'on bat fortement.

Cette poudre est la seule qui ait mérité une récompense, à l'exposition de Saint-Dizier, parmi les agents de la clarification ; elle a le double avantage, pour les liqueurs, de les clarifier rapidement et de purifier entièrement celles qui contiennent du sirop de fécule, en précipitant de suite les matières qui formeraient un dépôt par la suite ; elle donne une limpidité parfaite et durable ; seulement on ne doit pas l'employer pour le curaçao s'il contient de la décoction de bois de campêche, car, alors, il noircirait.

OBSERVATIONS.

Lorsque les liqueurs faites avec les essences ont une apparence laiteuse, par suite de la division infinie des huiles volatiles ou des substances résineuses, on y remédie par l'addition d'un peu plus d'alcool ou par un moyen moins dispendieux : 15 à 20 grammes de sel de nitre dissous dans un demi-verre d'eau que l'on ajoute avant le collage.

On emploie aussi quelquefois l'alun dans les mêmes proportions, mais seulement pour les liqueurs dans lesquelles il n'en est point déjà entré.

On emploie encore pour le même usage les

noirs de charbon végétal et animal en poudre, dans la proportion de 30 à 50 grammes : mais ce dernier moyen ayant le désavantage de boucher les pores du filtre et de retarder la filtration, en même temps qu'il ôte de la suavité à la liqueur, nous ne le conseillons pas.

Disons encore que les substances albumineuses ayant, en général, la propriété d'attaquer les couleurs au point d'en diminuer un peu l'intensité, on doit, pour les liqueurs colorées, préférer la filtration à la clarification par le collage.

CHAPITRE IX

DE LA FILTRATION.

La filtration consiste à faire passer et repasser, autant qu'il est nécessaire, une liqueur à travers les pores de la laine, du coton ou du papier.

On obtient ce résultat au moyen d'une chausse ou poche de molleton de laine ou de coton (espèce de bonnet en forme conique) encollée de papier à filtre réduit en pâte, ou à l'aide de ce dernier seulement.

Pour filtrer une certaine quantité de liqueur à travers la laine ou le coton, on se sert ordinairement d'un filtre conique en cuivre ou en fer-blanc, ayant un robinet par le bas, et on suspend dans l'intérieur la poche qui doit être bien propre ; cela disposé, on réduit en pâte 4 feuilles doubles de papier à filtre en les pilant dans un mortier avec un peu d'eau ; on sépare ensuite l'eau à l'aide d'un tamis ou d'une serviette, puis on exprime la pâte et on en forme une colle bien claire en y ajoutant de la liqueur par très-petites portions à la fois ; on verse le tout dans l'ensemble de la liqueur ; on bat celle-ci fortement et on en remplit entièrement la poche. On ouvre ensuite le robinet pour recevoir la filtration et la repasser à plusieurs reprises, observant de maintenir la poche toujours pleine, soit à la main, soit par un moyen continu, versant toujours au milieu.

Ce moyen de filtration, qui est généralement employé et reconnu bon par les distillateurs, n'est pas pour cela le meilleur ; à part que, pour les liqueurs fines et surfines, la filtration ne s'opère pas assez vite, elle laisse évaporer une trop grande partie du plus suave et du plus subtil de la liqueur. Pour que cette évaporation soit quatre fois moindre et la filtration quatre fois plus grande, voici comment nous opérons :

Au lieu d'employer, pour nos poches ou chausses, du molleton de laine ou de coton, perméables aux liquides seulement, nous les choisissons d'un tissu clair, et nous remplaçons le papier blanc ou gris, dit papier de Lorraine, par le papier Joseph, très-blanc et non collé.

Notre papier est d'abord déchiré, trempé dans un peu d'eau, bien pilé au mortier, lavé à trois eaux, passé au tamis et exprimé, puis reporté au mortier avec une quantité suffisante de la liqueur pour former sous le mouvement continu du pilon une pâte un peu solide, qui est réduite à l'état de bouillie claire, en lui ajoutant peu à peu de la liqueur. Dans cet état, le mélange est passé sur un tamis de crin et agité pour en faciliter l'écoulement, puis, s'il reste du papier sur le filtre, il est remis dans le mortier pour répéter la même opération.

Par ce moyen de division, nous obtenons une véritable colle à laquelle nous ajoutons peu à peu, et en remuant, le quart, au plus le tiers, de la liqueur fabriquée ; puis nous versons sur le filtre. Munis à l'avance de deux brocs, nous retirons très-vivement le produit filtré, que nous reversons sur le filtre, de manière à le tenir constamment plein ; et dès que la liqueur passe très-claire, nous alimentons le filtre, d'abord avec le restant de la liqueur contenant la colle, ensuite avec celle restante.

Lorsque, au lieu de papier, nous employons des blancs d'œufs ou de la colle de poisson, nous rendons les blancs d'œufs à l'état de mousse, sans y ajouter aucun liquide, et la colle de poisson à celui de gelée, puis de bouillie par les moyens précédemment indiqués ; ensuite nous leur ajoutons le quart ou le tiers de la liqueur fabriquée, comme il vient d'être dit, pour la filtration au papier, et nous procédons de même pour le chargement et l'entretien du filtre.

Aussi, par le choix que nous faisons du molleton et du papier, et la manière de diposer avec ce dernier un encollage qui adhère d'une manière régulière aux parois du filtre, obtenons-nous une filtration d'une limpidité parfaite et d'un volume quatre fois plus grand que celui obtenu par le moyen ordinaire, avantage qui peut se traduire par trois à quatre fois moins de déperdition d'arome et beaucoup plus de liqueur filtrée dans un même temps donné ; c'est surtout lorsque, au lieu de papier Joseph, on se sert de blanc d'œuf ou de colle de poisson pour encoller une chausse en coton ou en laine d'un tissu un peu clair, qu'on obtient les résultats que nous annonçons.

Nous pensons devoir dire encore que, pour faciliter le commencement de la filtration, nous passons la chausse dans l'eau, l'exprimons, la repassons dans un peu d'eau-de-vie blanche, c'est-à-dire d'esprit dédoublé et l'exprimons légèrement. Cette humectation préalable de la chausse par de l'eau-de-vie, qui ne doit se faire qu'au moment du filtrage, a pour objet de permettre à la liqueur de pénétrer en même temps tout le tissu du filtre, d'éviter l'affaiblissement de la liqueur et le blanchiment du commencement de la filtration de certaines liqueurs.

Lorsqu'on n'a pas de filtre ou cône en cuivre, ce qui arrive lorsque l'on fabrique peu de liqueurs, on suspend la poche par un moyen quelconque, et on opère ensuite comme pour une grande filtration.

La filtration sur une ou plusieurs feuilles de papier disposées en forme de cône et placées dans un entonnoir ne peut s'effectuer que sur une petite quantité de liqueur, à moins d'empêcher l'adhérence du papier aux parois de l'entonnoir en plaçant à l'avance dans ce dernier quelque brins de jonc ou d'osier.

Le papier à filtrer est un papier non collé ; il est blanc ou gris, ou bien d'un gris rougeâtre comme celui de Lorraine.

Pour former un filtre, on prend une feuille de papier, on la plie d'abord en quatre parties ; ensuite on replie en quatre chacune des quatre parties, de manière à former un éventail plissé en seize parties ; on coupe la partie supérieure qui est inégale, puis on entr'ouvre la feuille, qui représente alors la forme d'un cône.

Lorsqu'il s'agit de filtrer de petites quantités de liqueur, le coton cardé est préférable au papier et plus commode quand on sait l'employer. On en remplit à moitié ou environ la tige d'un en tonnoir ordinaire ; l'essentiel est de ne le presser ni trop ni trop peu, et de verser la liqueur très doucement dans l'entonnoir, afin de ne pas affaisser le coton et de l'entretenir ensuite.

Toute filtration lente étant, avons-nous dit, des plus préjudiciables à la qualité des liqueurs, on ne saurait, au contraire, trop l'activer. On arrive à ce but en se servant de filtres connus dans le commerce sous le nom de *filtres hermétiques* ou de *cônes filtres*.

Les avantages de ces appareils sont :

1° Plus d'adhérence du papier aux parois de l'entonnoir ;

2° Plus de filtre percé à sa base ;

3° Économie, promptitude, limpidité.

Quel que soit le genre de clarification adopté, du collage ou de la filtration il est vrai de dire que si ces opérations ont la faculté de donner plus d'éclat à la liqueur, elles ont, d'un autre côté, l'inconvénient d'enlever aux liqueurs une partie de l'arome le plus suave, et quelquefois un peu de leur couleur, et en outre de provoquer l'évaporation des principes alcooliques les plus volatils.

La clarification par le repos, au contraire, ne faisant perdre aux liqueurs aucune de leurs qualités, présente un avantage réel, et sera, nous le pensons du moins, appréciée par les personnes qui peuvent attendre l'éclaircissement naturel de leurs liqueurs

CHAPITRE X

DE LA CONSERVATION DES LIQUEURS.

Il ne suffit pas de bien préparer les liqueurs, ni de les perfectionner par le tranchage, il faut encore savoir assurer leur conservation.

On parvient à les conserver sans altération en les privant de l'action destructive du soleil et de la lumière.

Du *soleil*, qui ronge les couleurs et les précipite au fond des bouteilles, ou qui brunit les nuances naturelles ; ainsi l'absinthe, quel qu'en soit le degré, qui reste quelque temps exposée à son action, perd toute sa couleur, acquiert une nuance d'un jaune douteux, et contracte encore un goût de rance, tandis qu'au contraire, les liqueurs non colorées prennent quelquefois de la nuance.

La *lumière*, de son côté, attaque aussi les couleurs et les précipite, mais sans donner le goût de rance aux liqueurs.

Nous déduisons de ce que nous venons de dire, qu'il est nécessaire pour la conservation des liqueurs mises en bouteilles, de les placer dans un local sombre et possédant encore une température à peu près égale de 15 à 20 degrés centigrades.

Le *temps* est encore pour beaucoup dans la conservation des liqueurs, car, par cela même qu'il les bonifie, il arrive aussi un moment où les principes qui les constituent, à force de se combiner et de mûrir, donnent lieu à la formation de diverses molécules, quelquefois à des filaments imperceptibles, mais qui finissent par se séparer des liqueurs et forment ensuite dépôt ; de là l'urgence de conserver les liqueurs, dans des tonneaux pour les grandes quantités, et dans des vases de grès, de préférence aux bonbonnes en verre pour les petites, et de ne mettre en bouteille qu'au moment des livraisons.

On doit encore éloigner les liqueurs ainsi conservées du bruit des voitures et des ateliers à marteaux.

CHAPITRE XI.

RÈGLE GÉNÉRALE POUR BIEN OPÉRER LA FABRICATION DES LIQUEURS.

Quelle que soit la liqueur à fabriquer, soit ordinaire, demi-fine, fine ou surfine, la manière d'opérer est la même.

Fondre le sucre dans la totalité de l'eau indiquée, soit froide, soit chaude ; le mélange refroidi, y ajouter environ le quart ou le tiers, la moitié même de la quantité d'alcool prescrite ; verser, d'autre part, les essences ou parfums dans le restant de l'alcool[1] ; remuer pour opérer

[1] Consultez à ce sujet l'observation faite à l'article concernant la fabrication des liqueurs dites de la *Grande-Chartreuse*.

leur dissolution, verser ensuite sur cette dissolution le sucre fondu alcoolisé, mélanger le tout, colorer s'il y a lieu, et coller ou filtrer d'après les prescriptions que nous indiquerons plus loin.

CONSIDÉRATIONS

Pour faire de bonnes liqueurs, avons-nous dit, on doit n'employer qu'en première qualité l'eau-de-vie ou l'alcool, le sucre et l'eau ; il en est de même de toutes les autres substances nécessaires.

L'alcool à 85 ou 90 degrés est de qualité convenable quand, étant étendu dans trois ou quatre parties d'eau, il demeure limpide et ne laisse aucun parfum ni saveur désagréables. Le plus sûr moyen de s'assurer s'il possède ces deux éléments si nécessaires à la bonne qualité des liqueurs est son mélange dans deux à trois parties d'eau légèrement chaude.

D'aussi bonne qualité que soit l'alcool, il contient une portion d'acide libre que les autres principes avec lesquels il est associé ne peuvent neutraliser, et dont la présence est une des causes de l'éloignement de la combinaison du composé des liqueurs et de l'altération des couleurs ; il est donc rationnel, avant d'en faire l'emploi, de neutraliser cet acide en ajoutant un centilitre d'alcali par chaque 100 litres d'alcool.

L'eau-de-vie, qui n'est autre chose que de l'alcool, mais à un titre beaucoup plus faible, sera également bonne si elle est exempte de toute odeur et saveur particulière.

L'eau n'est propre à la fabrication des liqueurs qu'autant qu'elle est limpide et qu'elle dissout complétement le savon. On est toujours sûr de ses opérations en employant l'eau de pluie ou l'eau de rivière filtrée ; on doit rejeter l'eau de puits et toutes les eaux calcaires.

Le sucre doit être choisi bien blanc et bien cristallisé ; lorsqu'il s'agit de fabriquer des liqueurs blanches, on peut employer le miel, le sucre ordinaire, et le sucre candi pour les liqueurs colorées et pour les ratafias. Dans l'un ou l'autre emploi, on ne doit l'ajouter qu'à la fin des préparations, ainsi qu'on le verra dans nos opérations, le sucre diminuant la capacité de l'alcool pour dissoudre les substances végétales.

Depuis les perfectionnements apportés dans la fabrication des sirops de *glucose*, on fait usage de celui de froment, dans la fabrication des liqueurs, en remplacement d'une certaine proportion du sucre, parce qu'il leur donne de la densité, du velouté et du moelleux ; résultat qu'on ne pourrait atteindre avec le sucre sans en augmenter de beaucoup la dose et augmenter les frais de production.

Les proportions peuvent être établies dans la fabrication des liqueurs ainsi qu'il suit :

Liqueur ordinaire, 3/4 sirop et 1/4 sucre.
— demi-fine, moitié sirop et moitié sucre
— fine, 1/4 sirop et 3/4 sucre.

Il faut également faire un bon choix des substances, opérer une macération proportionnée à leur nature ; ainsi il ne faudra faire macérer que pendant peu d'heures celles dont on ne veut extraire que l'arome ou l'huile volatile la plus délicate, comme les fleurs d'oranger, les écorces d'oranges ou de citrons, les tiges d'angéliques, etc. ;

car si l'on prolongeait leur macération, elles fourniraient des principes amers.

On ne doit aussi jamais exposer au soleil les macérations de substances aromatiques ; en même temps qu'elles se chargeraient de leurs principes âcres et amers, on leur ferait perdre le plus délicat de leur parfum. Ce moyen ne peut convenir que pour les macérations de fruits peu odorants, comme de cassis, de cerises, de groseilles, etc. ; encore est-il préférable de tenir ces sortes de macérations dans un lieu tempéré.

SECTION I

LIQUEURS FRANÇAISES PAR ESSENCES OU HUILES VOLATILES.

Toutes les formules que nous allons indiquer seront pour la fabrication de 100 litres de liqueurs, afin de ne pas répéter à chacune d'elles les quantités d'alcool, de sucre et d'eau à employer, les ayant mentionnées une fois pour toutes au chapitre II.

On devra, pour les essences, observer les quantités indiquées dans chaque recette.

Relativement à la manière d'opérer, on devra suivre celle indiquée page 71, et, de préférence, celle pour les liqueurs de la Grande-Chartreuse, page 86.

ANISETTE OU EAU D'ANIS

COMPOSITION

Alcool, sucre et eau comme au Chapitre II (12), et les essences suivantes :

Pour liqueur ordinaire.

Essence d'anis.	6 grammes.
— de badiane	6 —

Demi-fine.

Essence d'anis.	10 grammes.
— de badiane	10 —
— de sassafras.	2 grammes.
— de fenouil doux	2 —

Fine.

Essence d'anis.	5 grammes.
— de badiane.	15 —
— de cannelle de Ceylan.	2 —

Surfine.

Essence de badiane.	25 grammes
— d'anis	8 —
— de canelle de Ceylan .	3 —
— de sassafras	3 —

Opérer comme au Chapitre II (12), et trancher les liqueurs fines et surfines, seulement.

Autre anisette surfine.

Essence de badiane	70	grammes.
» d'anis	20	»
» de fenouille doux	8	»
» de coriandre	1	»
» de sassafras	6	»
Extrait d'iris	60	»
» d'ambre non musqué	8	»

Cette formule convient comme les formules précédentes, pour fabriquer cent litres, mais les doses d'alcool, de sucre et d'eau doivent être modifiées comme suit :

Alcool à 85°	30 litres
Sucre	56 kilogs.
Eau	26 litres.

CENT-SEPT-ANS.

COMPOSITION

Alcool, sucre et eau, comme au Chapitre II (12), et les essences suivantes :

Pour liqueur ordinaire.

Essence de citron distillé	30	gramme
— roses —	6	—

Demi-fine.

Essence de citron distillé	40	grammes
— roses —	8	—

Fine.

Essence de citron distillé. .	45 gramme
— roses — . . .	10 —

Surfine.

Essence de citron distillé. .	50 grammes.
— roses — . . .	12 —

Opérer comme au Chapitre XI (71), et colorer en rouge pâle avec l'orseille.

CRÈME DE CÉLERI.

Alcool, sucre et eau comme au Chapitre II (12).

Essence de céleri,	15	grammes	pour liqueur	ordinaire.
—	18	—	—	demi-fine
—	20	—	—	fine.
—	25	—	—	surfine.

Opérer comme au Chapitre XI (71).

CRÈME DE CÉLERI ORDINAIRE.

COMPOSITION

Alcool, sucre et eau, comme au Chapitre II (12), et 15 grammes essence de céleri.

Préparation comme au Chapitre XI (71).

CRÈME DE CITRON.

Alcool, sucre et eau comme au Chapitre II (12).

Essence de citron :	20 grammes pour liqueur	ordinaire.
—	40 — —	demi-fine.
—	50 — —	fine.
—	60 — —	surfine.

Opérer comme au Chapitre XI (71).

LIQUEUR DE CURAÇAO.

Alcool, sucre et eau comme au Chapitre II (12), et les essences suivantes :

Pour liqueur ordinaire.

Essence de curaçao distillé.	45 grammes.
— Portugal —	15 —

Demi-fine.

Essence de curaçao distillé.	55 grammes.
— Portugal —	25 —

Fine.

Essence de curaçao distillé.	60 grammes.
— Portugal —	35 —
— cannelle de Ceylan.	5 —

Surfine.

Essence de curaçao distillé.	75 grammes.
— Portugal —	40 —
— cannelle de Ceylan.	15 —

Opérer comme ci-dessus et colorer le curaçao ordinaire en jaune brun avec le caramel

Le demi-fin et le fin avec le caramel et le cudbear ou l'hématine .

Le surfin avec le caramel et l'hématine, puis faire virer la nuance au jaune fortement doré avec un peu d'acide tartrique.

CRÈME D'ANGÉLIQUE.

Alcool, sucre et eau comme au Chapitre II.

Essence d'angélique. . . . . 5 grammes.

Préparation comme au Chapitre XI, page 71.

CRÈME SURFINE D'ABSINTHE.

COMPOSITION.

Alcool à 85 degrés	38	litres.
Sucre	56	kilogr.
Eau	29	litres.
Essence de badiane.	30	grammes.
— de citron distillé	30	—
de menthe poivrée	3	—
d'anis.	15	—
— d'angélique.	3	—

Opérer comme ci-dessus.

CRÈME DE FLEURS D'ORANGER.

Alcool, sucre et eau comme au Chapitre II.

Essence de néroli de Paris.	10 gr.	pour liqueur	ordinaire.
— —	14	—	demi-fine.
— —	16	—	fine.
— —	20	—	surfine.

Opérer comme au Chapitre XI.

AUTRE CRÈME DE FLEURS D'ORANGER.

Alcool, sucre et eau comme au Chapitre II, moins 5 litres d'eau qu'il faut remplacer par 5 litres d'eau double de fleurs d'oranger.

Opérer comme ci-dessus.

CRÈME SURFINE DE JASMIN.

Alcool, sucre et eau, comme au Chapitre II.

30 grammes essence de jasmin.

Opérer comme ci-dessus.

CREME DE MENTHE.

Alcool, sucre et eau, comme au Chapitre II.

Essence	de menthe de Paris	20 gr.	pour liqueur	ordinaire.
—	—	30	—	demi-fine.
—	—	35	—	fine.
—	—	40	—	surfine.

Opérer comme au Chapitre XI.

CRÈME D'ORANGE OU DE PORTUGAL.

Alcool, sucre et eau, comme au Chapitre II.

Essence de Portugal.	15 grammes	pour liqueur	ordinaire.
—	25	—	demi-fine.
—	35	—	fine.
—	45	—	surfine.

Opérer comme ci-dessus. Colorer en jaune vif avec le caramel et la couleur de safran.

EAU D'ARGENT FINE.

Alcool, sucre et eau, comme au Chapitre II.

Essence	de cédrat	8	grammes.
—	de roses	3	—
—	d'angélique	3	—

Préparation comme au chapitre XI.

Après filtration, diviser une feuille d'argent pour chaque 10 litres de liqueur, et mettre en flacon sans cesser de remuer la liqueur, afin que le partage de l'argent soit égal dans chaque flacon.

EAU DES SEPT GRAINES.

Alcool, sucre et eau, comme au Chapitre II, et les essences suivantes :

Pour liqueur ordinaire.

Essence	d'anis	20	grammes.
—	d'orange	10	—
—	de céleri	3	—
—	de fenouil doux	4	—
—	d'angélique	2	—
—	de coriandre	2	—
—	d'ambrette	2	

Demi-fine et fine.

Essence d'anis	25	grammes.
— d'orange	15	—
— de céleri	5	—
— de coriandre	6	—
— de fenouil doux	6	—
— d'angélique	4	—
— d'ambrette	5	—

Opérer comme ci-dessus.

AUTRE EAU DES SEPT GRAINES.

Alcool à 85 degrés	30 litres.
Sucre	56 kil.
Eau	26 litres.

Essence d'angélique	4	grammes
— d'anis	20	—
— de céleri	6	—
— de coriandre	2	—
— de fenouil doux	4	—
— de Portugal distillé	10	—

On colore en jaune clair avec le caramel.

EAU DE NOYAUX.

Alcool, sucre et eau, comme au Chapitre II.

Essence de noyau	20	grammes pour liqueur	ordinaire.
—	25	—	demi-fine.
—	28	—	fine.
—	30	—	surfine.

Préparation comme au Chapitre XI.

EAU D'OR FINE.

Alcool, sucre et eau, comme au Chapitre II.

Essence de macis	7	grammes.
— de cannelle	4	—
— de citron	50	—

Opérer comme ci-dessus. Colorer en jaune clair avec le safran, et, après filtration, ajouter une feuille d'or pour chaque 10 litres de liqueur. Même manière de mettre en flacon que pour l'eau d'argent.

EAU OU CRÈME DE ROSES.

Alcool, sucre et eau, comme au Chapitre II, page 12.

Essence de roses	6	grammes pour liqueur	ordinaire.
—	8	—	demi-fine.
—	12	—	fine.
—	15	—	surfine.

Préparation comme au Chapitre XI. Colorer en rouge avec la cochenille.

Autre huile de roses.

Alcool, sucre et eau, comme au Chapitre II, moins 5 litres d'eau qu'il faut remplacer par 5 litres eau double de roses distillées, puis colorer comme dessus.

CRÈME SURFINE DES MILLE-FLEURS.

Alcool, sucre et eau, comme au Chapitre II.

Essence	d'héliotrope	20	grammes.
—	de réséda	20	—
—	de tubéreuses	20	—
	de néroli	5	grammes.
—	de jasmin	5	—
—	de roses	2	—

Opérer comme au Chapitre XI, page 71.

LIQUEURS DITE DE LA GRANDE-CHARTREUSE.

Verte.

Essence	de cannelle de Chine,	de chaque 2 grammes
—	de mélisse,	
—	de citron,	
—	d'hysope,	
—	de muscade,	
—	de girofle,	
—	d'angélique	10 grammes.
—	de menthe anglaise	10
Alcool à 85 degrés		40 litres.
Sucre		56 kilog.
Eau		27 litres.

Jaune.

Les essences ci-dessus et en même quantité, plus :

Aloès succotrin en poudre. . . .	4 grammes.
Alcool à 85 degrés	36 litres.
Sucre	52 kilog.
Eau.	31 litres.

Blanche.

Même quantité des essences que pour la chartreuse verte, plus :

Essence de coriandre.	5 grammes.
— d'angélique	2 grammes.

PRÉPARATION.

La préparation de chacune de ces liqueurs est la même.

Faire fondre le sucre à chaud avec l'eau sans amener à ébullition, laisser refroidir, sans y ajouter tout l'alcool ; d'autre part, dissoudre les essences dans deux décilitres d'alcool ou un peu plus, et aussi l'aloès, lorsqu'il est employé dans la liqueur. Cela fait, ajouter de cette dissolution, peu à peu et en remuant, dans le mélange de l'alcool, du sucre et de l'eau jusqu'à ce que l'on juge la liqueur convenablement parfumée ; puis attendre de 24 à 48 heures, goûter de nouveau la liqueur, corriger les défectuosités qu'on croit remarquer, et colorer ensuite la verte avec la teinture de safran et la teinture bleue, la jaune avec la teinture de safran ; puis enfin opérer le tranchage de la liqueur, opération que nous recommandons de nouveau pour toutes les liqueurs fortement alcoolisées et sucrées.

OBSERVATION.

L'emploi des essences en dissolution préalable dans 6 à 10 fois leur poids d'alcool a l'avantage, sur le moyen ordinairement employé, de pouvoir procurer à volonté aux liqueurs la saveur et le parfum selon les lieux de consommation.

Par ce moyen, jamais de liqueur nébuleuse ni laiteuse ; au contraire, le produit obtenu est clair et devient par un repos de 15 à 20 jours d'une limpidité parfaite. Nous avons pratiqué ce moyen et nous l'employons encore avec grand succès, et si nous ne l'avons pas communiqué dans nos précédentes éditions, c'est par pur oubli. Mais si, parmi les auteurs distingués qui ont écrit avant nous sur la fabrication des liqueurs, il n'en est aucun qui en ait parlé dans ses ouvrages, c'est que, sans doute, moins observateurs que nous, ils s'en tenaient à la routine de nos pères. Quoi qu'il en soit, il est vrai de dire que ce moyen est des plus précieux pour la réussite constante d'une liqueur quelconque et par cela même nous le recommandons à nos lecteurs pour toutes les liqueurs.

PARFAIT-AMOUR.

Alcool, sucre et eau comme au Chapitre II, et les essences suivantes :

Liqueur ordinaire.

Essence de citron distillé	30	grammes.
— de cédrat	15	—
— de girofle	1	—
— de macis.	1	—
— de coriandre	1	—

Demi-fine.

Essence de citron distillé.	40	—
— de cédrat.	15	—
— de macis.	3	—
— de girofle.	2	—
— de coriandre.	2	—

Fine.

Essence de citron distillé.		45 grammes.	
—	de cédrat	25	—
—	de macis.	5	—
—	de girofle	3	—
—	de coriandre	3	—

Opérer comme pour la chartreuse, p. 86, colorer la liqueur ordinaire en rouge par l'orseille, la demi-fine et la fine, avec le cudbear.

VESPÉTRO.

Alcool, sucre et eau comme au Chapitre II.

Pour liqueur ordinaire.

Essence d'anis.		20 grammes.	
—	de carvi.	15	—
—	de citron.	10	—
—	d'angélique.	4	—
—	de fenouil doux	5	—
—	de coriandre.	5	—

Demi-fin.

Essence d'anis		25 grammes	
—	de carvi.	20	—
—	de citron distillé. .	10	—
—	de coriandre.	10	—
—	d'angélique	5	—
—	de fenouil doux . .	6	—

Fin.

Essence d'anis	30	grammes.
— de carvi	25	—
— de citron distillé. . .	12	grammes.
— de coriandre.	12	—
— de fenouil doux . . .	5	—
— d'angélique	6	—

Opérer comme pour la chartreuse, p. 86. Colorer en jaune clair avec le caramel.

HUILE DE KIRSCHWASSER.

Alcool, sucre et eau comme au Chapitre II.

Essence de noyau.	20	grammes.
— de néroli de Paris.	5	—

Opérer comme pour la chartreuse.

Autre supérieure.

Alcool à 85 degrés.	23	litres.
Sucre.	45	kilog.
Eau	36	—
Essence de noyau.	10	grammes.

Opérer le mélange comme pour la chartreuse, ajouter 1 litre d'eau de fleurs d'oranger, 1 litre d'eau distillée de laurier cerise, préalablement réunis à 20 litres de kirsch à 21 degrés, clarifier ensuite ou filtrer

SCUBAC DE LORRAINE.

Alcool, sucre et eau comme au Chapitre II.

Essence de cannelle.	10 grammes.
— de girofle	10 —
— de muscade.	5 —

Préparation, comme pour la chartreuse. Colorer en jaune ambré avec la couleur de safran, et ajouter un peu de caramel pour foncer la nuance.

HUILE DE RHUM.

POUR 100 LITRES.

Ordinaire.

Rhum.	30 litres.
Alcool à 85°	8 —
Sucre	12 kil. 500 gr.
Eau commune.	53 litres.

Demi-fine.

Rhum.	35 litres.
Alcool à 85°	12 —
Sucre	25 kil.
Eau	46 litres.

Fine.

Rhum fin et vieux	40 litres.
Alcool.	8 —
Sucre.	40 kilog.
Eau	23 litres.

Fondre le sucre à chaud, sans ébullition, et, après refroidissement, ajouter l'esprit et le rhum, colorer en jaune légèrement foncé avec du caramel de raisin.

Surfine, dite des îles.

Rhum supérieur.	45 litres.
Alcool à 85°	14 —
Sucre.	55 kil.
Eau.	22 litres.

Fondre le sucre à chaud, et après refroidissement opérer comme dessus.

PERSICO SURFIN.

POUR 100 LITRES.

Essence d'amandes amères.	15 grammes.
— d'aneth	2 —
— de fenouil.	5 —
Teinture de cannelle de Chine. . . .	3 décilitres.
— de coriandre	2 —
Eau de fleurs d'oranger	2 —
Alcool à 85°	38 litres.
Sucre très-blanc	56 kil.
Eau commune.	25 litres.

Procéder comme pour la chartreuse, p. 86.

SECTION II.

DES LIQUEURS ÉTRANGÈRES.

ANISETTE SURFINE DE HOLLANDE.

POUR 100 LITRES.

Alcool, sucre et eau comme au Chapitre II.

Essence de badiane	45	grammes.
— d'anis.	40	—
— d'amandes amères.	6	—
— de fenouil doux	2	—
— de roses	2	—
— d'angélique	2	—

(Quelques fabricants ajoutent 1 gr. de coriandre.)

Opérer comme pour la liqueur dite de la Grande-Chartreuse.

ALKERMÈS DE FLORENCE

LIQUEUR FINE POUR 100 LITRES.

Alcool, sucre et eau comme au Chapitre II.

Essence de cannelle de Ceylan . . .	1	gramme.
— de calamus	2	—

Essence de girofle	5	grammes.
— de roses	3	—
— de muscades	4	—
— de teinture d'iris	25	—

Opérer le mélange comme ci-dessus et colorer en rose avec la cochenille.

AQUA BIANCA DI TORINO

Essence d'ambre	de chaque : 6 grammes.
— de bergamotte	
— de cédrat	
— de citron	
— de menthe poivrée	
Eau de roses	5 litres.
— de fleurs d'oranger	5 —
Alcool	36 —
Sucre	40 kilogram.
Eau commune bouillante	30 litres.

Fondre le sucre dans l'eau ; après refroidissement, ajouter l'alcool, les eaux de roses et de fleurs d'oranger, puis peu à peu et jusqu'à suffisante quantité, les essences mises à l'état de dissolution dans 2 ou 3 décilitres d'alcool. Mélanger ensuite le tout, trancher la liqueur, et, après quelques jours de repos, filtrer à la manière indiquée pour la chartreuse et ajouter par bouteille quelques feuilles d'argent brisées.

CRÈME DE GENIÈVRE DE HOLLANDE.

Demi-fine.

Genièvre de Hollande vieux	60 litres.
Alcool.	2 —
Sucre.	25 kil.
Eau bouillante	23 litres.

Fondre le sucre; après refroidissement y ajouter l'alcool, remuer, y joindre le genièvre peu à peu, en remuant ; coller et filtrer.

AUTRE CRÈME DE GENIÈVRE.

PAR ESSENCE.

Essence de genièvre, nouvelle et de premier choix	100 grammes.
Alcool à 85 degrés.	56 litres.
Eau commune	44 —

Opérer comme pour la chartreuse, p. 86.

CRÈME SURFINE DE NOYAU DE PHALSBOURG.

POUR 100 LITRES.

Essence de noyau.	10 grammes.
— d'amandes amères.	10 —
— d'orange.	10 —
— de citron.	10 —
— de cannelle	4 —

Essence de macis	4 grammes.	
— de carvi	2	—
— de néroli de Paris	2	—

Alcool, sucre et eau, comme à la règle générale, p. 12.

Opérer comme ci-dessus.

AUTRE CRÊME SURFINE DE NOYAU DE PHALSBOURG.

Alcool à 85 degrés	30 litres.	
Sucre	56 kilog.	
Eau	26 litres.	
Essence de noyaux	50 grammes.	
— d'amandes amères	10	—
— de Portugal distillée	10	—
— de citron —	8	—
— de cannelle de Chine	4	—
— de girofle	2	—
— de muscade	1	—
— de néroli	2	—

EAU-DE-VIE D'ANDAYE.

POUR 100 LITRES LIQUEUR FINE.

Alcool, sucre et eau, comme au Chapitre II (12).

Essence d'anis	7 grammes.	
— d'amandes amères	4	—
— d'angélique	4	—

Essence de citron distillé	10	—
— d'orange	5	—

Opérer comme pour la chartreuse, p. 86. Ajouter une feuille d'or par 10 litres, employée comme pour l'eau d'argent.

EAU-DE-VIE DE DANTZICK.

POUR 100 LITRES DE LIQUEUR FINE.

Alcool, sucre et eau, comme au Chapitre II (12).

Essence de citron.	25	grammes.
— de cannelle.	15	—
— de coriandre.	3	—
— d'orange.	10	—

Opérer en tous points comme ci-dessus.

MARASCHINO DI ZARA, DIT MARASQUIN.

POUR 100 LITRES.

Alcool à 85 degrés.	36	litres.
Sucre	56	kil.
Eau commune	30	litres.
Essence de noyau.	30	grammes.
— de néroli fin	5	—
Extrait de jasmin	15	—
— de vanille	15	—

Opérer comme ci-dessus.

6

MARASQUIN PAR SIMPLE MÉLANGE.

Eau de marasque	8 litres.
— roses	4 décilitres.
— fleurs d'oranger	4 —
Alcool à 85 degrés	16 litres.
Sucre très-blanc en poudre. . . .	15 kil.
Eau commune bouillante.	6 litres.

Opérer la solution du sucre dans l'eau bouillante, après refroidissement ajouter la moitié de l'alcool, puis l'autre moitié sur les eaux aromatiques, et réunir le tout ensemble.

Autre.

Oter sur les doses d'alcool, de sucre et d'eau, indiquées au Chapitre II, 6 litres d'alcool et 6 litres d'eau, et les remplacer par 12 litres de kirsch ; le tout bien mêlé. Ajouter :

Essence de marasquin	20 grammes.

Opérer comme pour la chartreuse, p. 86

LIQUEUR SURFINE DU MÉZENC.

Essences de daucus, de muscades et de camomille romaine, de chacune.	5 grammes.
Essence de macis.	4 —
Mirobolan, ambrette et vanille, de chaque	62 —

Alcool à 85 degrés.	36 litres.
Sucre.	56 kil.
Eau commune.	26 litres.

1° Mettre infuser, pendant 10 à 15 jours, dans 10 litres d'alcool, le mirobolan, l'ambrette et la vanille.

2° Fondre le sucre à chaud dans l'eau, et, après refroidissement, ajouter le restant de l'alcool moins 2 décilitres.

3° Dissoudre les essences dans les 2 décilitres d'alcool restant.

4° Enfin, ajouter sur le sucre fondu alcoolisé l'infusion aromatique, puis de la dissolution des essences jusqu'à suffisante quantité. Colorer avec l'hématine. Laisser en repos dix jours. Coller et filtrer.

ROSOLIO DE TURIN.

POUR 100 DE SURFIN.

Alcool, sucre et eau, comme au Chapitre II.

Essence de noyau	25	grammes.
— de roses	18	—
— de néroli de Paris	5	—
— d'amandes amères	10	—

Opérer comme pour la chartreuse.

AUTRE ROSOLIO SURFIN.

Alcool à 85 degrés	20 litres.
Sucre	56 kilog.
Eau	26 litres.
Essence d'anis	25 grammes.
— de fenouil doux	3 —
— d'amandes amères	30 —
— de roses	6 —
Extrait d'ambre musqué	4 —

Colorer en rose clair avec la cochenille.

LIQUEUR FINE DE KUMMEL.

POUR 25 LITRES.

Kummel de Dantzick.

Essence de cumin	30 grammes.
Essence de coriandre	1 —
— d'orange	1 —
Alcool à 85 degrés	8 litres.
Sucre	12 kil. 1/2.
Eau	14 litres.

Kummel de Breslau.

Essence de cumin	10 grammes.
— de fenouil	1 gram. 1/2.
— de cannelle	1 — 1/2.

Alcool, sucre et eau, comme ci-dessus.

Kummel de Magdebourg.

Essence de cumin.	30	grammes.
— de violette	3	—
— de citron	1	—

Alcool, sucre et eau comme ci-dessus.

PRÉPARATION.

Mêler les essences dans 1/5e de litre d'alcool, et après dissolution aromatiser convenablement le mélange du sucre, de l'eau et de l'alcool.

USQUEBAUCH D'ÉCOSSE PAR INFUSION.

Badiane.	65	grammes.
Coriandre	200	—
Cannelle de Chine.	60	—
Girofle.	15	—
Graine d'angélique.	100	—
Zestes secs et mondés de citrons. .	150	—

Concasser toutes les substances, les faire infuser pendant dix jours dans

Alcool à 85 degrés.	36 litres,

en remuant de temps en temps, puis passer sur un tamis de crin et ajouter :

Sucre blanc	30 kilogr.
Eau commune	45 litres.
Eau double de fleurs d'oranger. . .	2 —

Colorer ensuite légèrement en jaune rougeâtre avec la couleur de cochenille et au besoin celle de safran.

SECTION III.

LIQUEURS PAR INFUSION.

BROU DE NOIX.

Alcool, sucre et eau, comme au Chapitre II, p. 11, l'infusion et la teinture suivantes :

Pour liqueur ordinaire.

Infusion de brou de noix.	20 litres.
Teinture de muscades.	3 centil.

Demi-fine.

Même infusion vieille	30 litres.
Même teinture	6 centil.

Fine.

Même infusion vieille	35 litres.
Même teinture	7 centil.

PRÉPARATION.

Fondre le sucre dans la proportion d'eau indiquée, ajouter l'alcool, la teinture et l'infusion, puis colorer en jaune foncé avec le caramel et filtrer.

CRÈME SURFINE D'ANANAS.

POUR 100 LITRES.

Alcool à 85 degrés.	40 litres.
Teinture de vanille.	5 centil.
Ananas frais cueillis	8 kil. 500
Sucre.	56 kilogr.
Eau commune.	22 litres.

PRÉPARATION.

Écraser les ananas de manière à former une pâte. Mettre infuser ou macérer celle-ci pendant 30 jours dans 25 à 30 litres d'alcool ; après soutirage et expression, ajouter ce produit au sucre qu'il faut fondre dans de l'eau bouillante, à laquelle, après refroidissement, on ajoutera le restant de l'alcool et l'infusion de vanille. Colorer en jaune clair avec le caramel ou le safran, trancher ensuite la liqueur et la coller ou filtrer quelques jours après comme il est expliqué pour la chartreuse, p. 86.

CRÈME DEMI-FINE D'ANANAS PAR IMITATION.

POUR 100 LITRES.

Alcool, sucre et eau, comme ci-dessus.

Fssence d'ananas.	25 grammes.
Teinture de vanille.	5 centil.

Opérer le mélange général après la solution du sucre et sa réunion à l'alcool. Trancher la liqueur et la colorer comme nous venons de le dire.

ÉLIXIR DE GARUS.

POUR 100 LITRES.

Ajouter à la règle générale, pour les liqueurs surfines, page 12 :

Aloès succotrin.	50	grammes.
Myrrhe.	50	—
Safran.	10	—
Essence de cannelle de Chine. . .	8	—
— de girofle	8	—
— de muscade	2	—

1° Mettre infuser ou macérer, pendant 15 jours, dans quelques litres d'alcool, l'aloès, la myrrhe le safran, tirer à clair, exprimer et filtrer.

2° Fondre le sucre à chaud dans la totalité de l'eau, et, après refroidissement, y ajouter le restant de l'alcool indiqué ;

3 Dissoudre les essences de cannelle, de giro

fle et de muscade dans un cinquième de litre d'alcool.

4° Opérer enfin le mélange de l'infusion, du sucre et de l'eau alcoolisés, donner au tout une saveur bien prononcée avec la dissolution des essences, colorer en jaune d'or, avec la teinture de safran et le caramel; laisser se combiner pendant 15 jours ou plus; puis coller et filtrer.

HUILE DE VANILLE.

COMPOSITION.

Alcool, sucre et eau, comme au Chapitre II, p. 12, et les substances qui suivent pour les liqueurs ci-après :

Ordinaire.

Teinture de vanille.	1 litre.
— de storax calmite	15 centilit.

Demi-fine.

Teinture de vanille.	1 lit. 25 cent.
— de storax.	20 centilit.

Fine.

Teinture de vanille.	1 lit. 1/2.
— de storax.	25 centilit.

PRÉPARATION.

Opérer le mélange de l'alcool et du sucre en dissolution, puis aromatiser d'une manière prononcée avec la réunion des teintures, colorer avec l'orseille ou le cudbear.

Surfine.

Alcool à 85 degrés.	40 litres.
Sucre.	55 kilogram.
Eau	27 litres.
Vanille du Mexique.	150 grammes

PRÉPARATION.

Diviser et piler la vanille avec 1 ou 2 kilog. de sucre, l'ajouter au sucre fondu à chaud dans un bain-marie, y joindre l'alcool ; colorer avec la teinture de cochenille, fermer le bain-marie, chauffer jusque près de l'ébullition, laisser refroidir, et quelques jours après coller ou filtrer.

HUILE DE VIOLLETTE SANS VIOLETTES.

POUR 100 LITRES.

Demi-fine.

Alcool à 85 degrés	28 litres.
Sucre.	25 kil.

Eau commune	55 litres.
Teinture d'iris obtenue par déplacement	quantité suf.

Fondre le sucre dans la totalité de l'eau, ajouter l'alcool, puis assez de teinture d'iris pour donner à la liqueur un goût prononcé et colorer avec le cudbear et le bleu.

Cette liqueur est très-agréable. Son arome et sa couleur, lorsqu'on opère bien, sont ceux de la violette. Elle réussit également bien pour les liqueurs fine et surfine.

LIQUEUR HYGIÉNIQUE (RASPAIL).

Sommités sèches d'angélique. .	810	grammes.
Racines d'angélique	810	—
Calamus aromaticus	216	—
Myrrhe.	108	—
Cannelle	108	—
Aloès.	54	—
Girofle	54	—
Noix muscade.	14	—
Safran	3	—
Alcool à 85 degrés.	54	—
Sucre blanc.	27	kilogram.
Eau commune.	27	litres

Faire macérer le tout dans l'alcool, à une chaleur douce, pendant quinze jours, en agitant de temps en temps ; passer, exprimer, ajouter ensuite le sucre fondu dans la quantité d'eau indiquée, coller et filtrer après repos.

Cette recette est celle qui a été publiée par M. F. Raspail, dans son *Manuel annuaire de santé*.

Cette liqueur étant fortement chargée d'alcool et de sucre, nous conseillons de la passer au tranchage avant de la coller et de la filtrer.

EAU DE COINGS.

Alcool, sucre et eau, comme au Chapitre II, p. 12, moins 10 litres d'eau, et les substances suivantes :

Pour liqueur ordinaire

Suc exprimé de coings bien mûrs. .	8 litres.
Demi-fine.	10 —
Fine	12 —
Surfine.	14 —
Teinture de girofle	10 centilit.
— de cannelle.	3 —

PRÉPARATION.

Fondre le sucre dans la totalité de l'eau, ajouter l'alcool, puis parfumer convenablement avec les teintures réunies, colorer la liqueur en jaune clair avec la couleur de safran ou de caramel, laisser éclaircir et filtrer.

CRÈME DE FRAISES.

Fraises fraîchement cueillies et mondées.	2 kilogr.
Alcool premier choix	2 litres.
Sucre blanc	2 kil. 250
Eau froide	3 litres.

Mettre les fraises infuser dans l'alcool pendant 15 jours ou même un mois, filtrer avec expression sur un tamis, ajouter le sucre dissous dans la quantité d'eau indiquée, et laisser éclaircir.

Suivre les mêmes procédés pour les crèmes de :

FRAMBOISES,
MURES,
CERISES.

Voir à la table, Crème de fraisier, pour un procédé plus rationnel.

CRÈME DE FLEURS D'ORANGER

Fleurs d'oranger mondées	250 grammes.
Alcool à 58 degrés	4 litres.
Sucre blanc	1 kil. 500
Eau	2 litres 1/2.

Plonger les fleurs une minute dans de l'eau

bien chaude, afin de les laver et de les priver d'une partie de leur amertume, opération que nous recommandons pour toutes les fleurs en général ; les exprimer dans un linge et les mettre en macération dans l'alcool pendant 5 heures environ ; tirer au clair sans expression, ajouter le sucre fondu dans la quantité d'eau indiquée, mêler et filtrer.

Cette liqueur est des plus agréables lorsqu'on ne lui laisse pas contracter d'amertume par une infusion trop prolongée.

EAU OU CRÈME D'ANGÉLIQUE.

Tiges récentes d'angélique.	200 grammes.
Semences d'angélique	50 —
Alcool à 58 degrés.	6 litres.
Sucre.	2 kil. 625
Eau pour fondre le sucre.	1 litre.

Passer à l'eau presque bouillante les tiges d'angélique, comme il est dit plus haut ; les faire macérer ainsi que les semences d'angélique, dans l'alcool pendant vingt-quatre heures, et tirer au clair ; ajouter le sucre fondu à froid ou à chaud, laisser éclaircir la liqueur ou la filtrer.

EAU DE BROU DE NOIX.

Noix vertes avec leur brou, et, selon leur grosseur, 100 à 150, les passer cinq minutes dans l'eau bouillante, les bien piler et ajouter :

Girofle	15 clous.
Cannelle	15 grammes.
Macis.	2 grammes.
Alcool à 58 degrés.	10 litres.

Après un mois de macération, soutirer et ajouter :

Sucre.	4 kilog. 250
Eau pour fondre le sucre	1 litre 1/2.

Laisser éclaircir ou filtrer. Cette liqueur est tonique et un peu astringente ; elle acquiert beaucoup de qualité en vieillissant.

On augmente à volonté sa qualité en ajoutant de l'alcool ou de l'eau-de-vie, du sucre et de l'eau ; on peut également varier les aromates selon son goût.

EAU OU RATAFIA DE FRUITS A NOYAU.

Prendre une certaine quantité de pêches, d'abricots, de prunes, ou autres fruits, les piler de manière à mettre les amandes et les bois en pâte ; ajouter sur chaque litre de pâte 1 litre d'eau-de-vie, laisser macérer un grand mois, soutirer, exprimer le marc, ajouter le sucre dans la proportion de 375 grammes (ou 12 onces) par chaque litre de liquide obtenu, laisser éclaircir ou filtrer.

EAU DE NOYAUX D'ABRICOTS.

Noyaux	125 grammes.
Eau-de-vie	1 litre.
Sucre	550 grammes.
Eau pour fondre le sucre.	7 décilitres.

Écraser le noyau le plus complétement possible, mettre la pâte en macération dans l'eau-de-vie pendant un à deux mois ; soutirer, ajouter le sucre dissous dans l'eau et laisser éclaircir ou filtrer.

On peut préparer de la même manière :

Les eaux de noyaux de pêches,
— de prunes,
— de cerises et autres.

Nous avons remarqué, par nos expériences, qu'en n'employant que le bois seul, le pulvérisant en poudre fine et le laissant longtemps en macération dans l'eau-de-vie, on obtenait ensuite, à l'aide du sucre, une liqueur qui a davantage de finesse que celle produite avec la présence de l'amande, même du fruit entier dans la macération ; nous pouvons ajouter que chacune de ces liqueurs, ainsi faites, acquiert avec le temps, une finesse et un bouquet qui sont particuliers à chacune d'elles. La liqueur provenant du bois de la cerise noire a seule la propriété, en vieillissant, de gagner la saveur particulière du marasquin.

LIQUEUR D'ORANGES.

Oranges choisies.	8
Alcool à 85 degrés.	4 litres.
Sucre.	2 kil. 250 gr.
Eau.	3 litres.

Aromates point, ou une quantité minime de ceux que l'on aime, l'orange étant suffisamment parfumée par elle-même.

Piquer les oranges avec une grosse épingle, et les mettre en macération dans l'alcool à 58 degrés ; après un mois d'attente ou plus, ajouter le sucre fondu dans l'eau et laisser se combiner le tout à volonté, puis filtrer, s'il y a nécessité.

LIQUEUR D'ÉCORCES D'ORANGES DOUCES.

Écorce d'orange fraîche et fine, ce que l'on voudra ; n'enlever que la partie jaune, la mettre macérer dans l'alcool à 85 degrés, dans la proportion de 125 grammes par deux litres de ce dernier ; huit jours, un mois aprés ou plus, soutirer, ajouter 1 kil. 500 grammes de sucre fondu dans 2 litres d'eau, et filtrer.

On peut encore former en termes de l'art un *oleosaccharum* en frottant ou en râpant toute la partie jaune extérieure des oranges avec des morceaux de sucre. Bientôt il se forme une pâte trés-jaune qui adhère au sucre et qu'on détache à l'aide d'un couteau ; on continue de la sorte, d'une orange à une autre, et on pulvérise du sucre avec celui transformé en pâte, de manière à opérer un mélange exact. Le sucre, par sa présence, ayant rendu soluble, dans l'eau et l'alcool réunis, l'huile essentielle contenue dans l'écorce, on procède à la confection de la liqueur en employant les proportions d'alcool, de sucre et d'eau indiquées, et l'on clarifie.

Ce procédé, quoique très-bon comme produisant une liqueur ayant tout l'arome de l'orange et sans amertume aucune, ne vaut pas notre premier moyen, en ce sens que son exécution est beaucoup plus minutieuse, et qu'avec le temps, la liqueur perd un peu de sa transparence ; aussi ne le donnons-nous que pour mémoire.

CURAÇAO OU LIQUEUR D'ORANGES AMÈRES.

Enlever finement les zestes ou la partie supérieure de plusieurs oranges amères dites bigarrades, de manière à en obtenir 125 grammes. Les passer 5 à 10 minutes au plus dans l'eau bouillante, laisser égoutter, mettre à macérer pendant 6 à 8 heures dans 2 litres d'alcool, avec :

Cannelle brisée ou concassée.	2 gram.
Safran.	1 —

Puis décanter, ajouter :

Sucre.	1 kil. 500 gr.
Eau pour fondre le sucre.	2 litres.

Mêler et filtrer.

Pour que le curaçao ainsi fait ait la faculté

de prendre la couleur rose quand on l'étend avec de l'eau, on le colore légèrement avec une infusion alcoolique de bois d'Inde ou, ce qui est mieux, d'hématine, et on colle.

LIQUEUR DE CITRON.

Citrons, suivant la grosseur	8 ou 10.
Alcool à 58 degrés	4 litres.
Sucre	2 kil.
Eau pour fondre le sucre	1 litre.

Enlever toute la partie jaune de l'écorce des citrons, mettre en macération dans l'alcool pendant deux ou quatre heures et plus, suivant que l'écorce est plus ou moins chargée de parenchyme (la partie blanche), décanter, ajouter le sucre fondu, mêler et laisser s'éclaircir ou filtrer.

SECTION IV.

DES RATAFIAS.

Nous avons dit que le nom de ratafia ne s'appliquait qu'aux liqueurs provenant des fruits fermentés ou macérés.

Néanmoins, le commerce donne par dérogation ce nom aux liqueurs provenant des fleurs infusées.

RATAFIA DE CERISES.

Les noms de ratafia de cerises ou eau de cerises sont synonymes ; on doit, pour le faire, suivre la même manière que pour l'eau de fruits à noyaux déjà mentionnée.

RATAFIA OU EAU DES QUATRE FRUITS.

Fraises, Framboises, Groseilles, Cassis,	de chaque, 500 grammes.
Alcool à 85 degrés.	3 litres.
Sucre.	1 kil. 875 gr.
Eau pour fondre le sucre.	1 litre.
Vanille, au plus.	1 gramme.

Monder les fraises et les frambroises, égrener les groseilleset le cassis, diviser la vanille, mettre en macération dans l'alcool un grand mois ; passer, ajouter le sucre fondu et laisser éclaircir.

Les personnes qui n'aiment pas manger les fruits demeurés dans leur entier peuvent les utiliser avantageusement en les recouvrant d'eau-de-vie, pour en extraire tout ce qui leur reste de parfum et de couleur ; quelque temps après, on passe le tout avec force expression, on sucre et on filtre. Cette seconde liqueur n'est pas sans agrément.

RATAFIA DE CASSIS.

Le cassis étant la liqueur la plus importante pour le débitant sous le rapport d'une plus grande consommation, il doit fixer plus particulièrement son attention; aussi allons-nous, dans son intérêt, l'initier aux meilleurs moyens de fabrication :

Cassis ordinaire, avec l'infusion vierge.

POUR 100 LITRES[1].

Infusion vierge, 1re charge.	25 litres.
Alcool à 85 degrés.	12 —
Sucre	12 kil. 500 gr.
Eau	54 litres.

Cassis ordinaire avec la 2me infusion.

Infusion de cassis, 2me charge. . .	32 litres.
Alcool à 85 degrés.	6 —
Sucre	12 kil. 500 gr.
Eau	54 litres.

[1] Pour fabriquer 10 litres, on prend le 10e de chaque quantité indiquée.

Cassis ordinaire avec la 3me infusion.

Infusion de cassis, 3me charge. . .	45 litres.
Alcool à 85 degrés.	7 —
Sucre.	12 kil. 500 gr.
Eau.	30 litres.

Cassis demi-fin, avec l'infusion vierge.

Infusion, 1re charge.	35 litres.
Alcool à 85 degrés.	12 —
Sucre.	25 kilog.
Eau.	30 litres.

Cassis demi-fin avec la 2me infusion.

Infusion, deuxième.	45 litres.
Alcool à 85 degrés.	4 —
Sucre	25 kilog.
Eau	44 litres.

Cassis demi-fin, avec la 3me infusion.

Infusion, troisième charge.	55 litres.
Sucre	25 kilog.
Eau	37 litres.

Cassis fin, avec l'infusion vierge.

Infusion de cassis, première. . . .	43 litres.
Alcool à 85 degrés.	10 —
Sucre	37 kil. 500 gr.
Eau	21 litres.

Cassis surfin, ou crème de cassis.

Infusion vierge de cassis.	45 litres.
Alcool à 85 degrés.	8 —
Sucre fin.	50 kilog.
Eau	16 litres.

Beaucoup de personnes aiment que le cassis soit framboisé. Pour satisfaire cette fantaisie, on devra ajouter de l'infusion de framboise jusqu'à satisfaction du goût, en retranchant sur l'infusion de cassis la quantité qu'on en aura employée.

Ratafia blanc de cassis.

Infusion de feuilles de cassis. . . .	10 litres.
Infusion de framboises blanches. .	1 litre.
Sucre	11 kil. 500 gr.
Eau	13 litres.

Fondre le sucre dans l'eau, ajouter les infusions et laisser éclaircir.

On réussit encore à faire du cassis blanc en employant les feuilles ou les fleurs de cassis, ou encore les jeunes pousses de groseillers de cassis.

Cassis de Dijon ou *crème de Vougeot.*

POUR 100 LITRES.

Infusion de ce cassis, 1re charge. . . .	25 litres.
— de cerises.	5 —
— de merises.	5 —
— de framboises.	5 —
Vin de Bourgogne bonne qualité. . . .	10 —
Sucre blanc.	50 kilog.
Eau commune	16 litres.

Fondre le sucre dans l'eau sans amener à ébullition ; après refroidissement ajouter les infusions et le vin.

Ratafia de Neuilly, surfin.

POUR 100 LITRES.

Cerises aigres	45 kilog.
Cerises noires (guignes).	20 —
Pétales d'œillets rouges.	2 kil. 500 gr.
Alcool à 85 degrés	35 litres.
Sucre blanc.	52 kil. 500 gr.
Eau de quoi compléter 100 litres.	

Faire macérer les fruits et les pétales dans l'alcool pendant un mois, fondre le sucre comme il est dit ci-dessus, et ajouter de l'eau de quoi compléter 100 litres.

Ratafia de groseilles.

Groseilles rouges ou blanches parfaitement mûres	1 kilog.
Alcool à 85 degrés.	1 litre.
Vanille.	1 atome.
Sucre.	500 grammes.
Eau pure	3 décilitres.

Égrener les groseilles, les mettre macérer, ainsi que la vanille, dans l'alcool, pendant un mois, soutirer avec expression, ajouter le sucre dissous dans l'eau, et laisser éclaircir par le repos.

Ratafia de groseilles à maquereau.

Sa préparation est la même que pour la groseille. L'addition d'un peu de framboises ou de fleurs d'œillets rouges le parfume agréablement.

Ratafia d'œillets.

OEillets rouges ou œillets jaspés, mondés de leurs onglets.	100 grammes
Alcool à 58 degrés.	1 litre.
Sucre.	500 grammes.
Eau pour fondre le sucre.	1/2 litre.

Laisser macérer les œillets dans l'alcool, le moins un mois ; passer avec expression, ajouter le sucre fondu, mêler et filtrer.

Ou mieux encore et plus promptement :

Placer les œillets mondés et effeuillés dans une terrine, verser dessus le sucre et l'eau en ébullition, couvrir parfaitement, et, après le refroidissement, ajouter l'alcool, mêler et filtrer.

L'addition d'un peu de framboises convient beaucoup à cette liqueur ; on peut aussi ajouter un peu de cannelle. Tout est affaire de goût.

Ratafia de poires de Rousselet.

Prendre les poires à leur point de maturité, choisir les plus saines, les essuyer, les râper, les déposer quarante-huit heures à la cave, et les exprimer ; alors :

Suc exprimé de poires.	3 litres.
Alcool à 85 degrés.	3 —

Vanille découpée, 1/2 gr. à 1 gramme, mêler, laisser en repos un mois, ajouter :

Sucre.	2 kil. 250 gr.
Eau pour fondre le sucre.	1/2 litre.

Mêler et filtrer.

Ratafia de coings.

Suivre en tout point ce que nous avons dit pour l'eau de coings.

Ratafia de genièvre.

Baies fraîches et bien mûres de genièvre.	200 gram.
Alcool à 85 degrés.	2 litres.
Sucre	1 kil. 500.
Eau	2 litres.

Arome point, ou celui que l'on aime.

Mettre les baies, sans les écraser, en macération vingt ou vingt-quatre heures dans l'alcool passer, ajouter le sucre fondu, mêler et filtrer.

Cette liqueur possède un arome et une saveur qui sont d'autant plus agréables que la durée de leur macération a été ménagée ; peut-être serait-elle supérieure si, au lieu de mettre les baies en macération dans l'alcool, on les mettait en infusion dans le sucre et très-peu d'eau en ébullition, ainsi qu'on le verra plus loin pour obtenir le parfum des fleurs. C'est un essai que nous engageons à faire, ne l'ayant pas fait nous-même.

Ratafia de grenades.

Choisir des grenades bien mûres, les briser et faire passer le suc dans un tamis de crin un peu clair, en prenant soin de ne pas écraser les pepins qui donneraient de l'âcreté ; alors :

Suc passé sur le tamis	1 litre.
Alcool à 85 degrés	1 —

Un peu de cannelle, de vanille ou autre aromate si on aime à déguiser la saveur de la liqueur ; mêler, mettre en macération un mois ; ajouter :

Sucre	750 grammes.
Eau	1/2 litre.

Mêler de nouveau. Cette liqueur s'éclaircit promptement d'elle-même, c'est le fait de toutes les liqueurs provenant de fruits acides.

Ratafia de raisin sans sucre.

Prendre les raisins les plus sucrés, ôter les grains des grappes, les couvrir entièrement d'eau-de-vie de 55 à 58 degrés, et bien boucher ; un mois après écouler sur un tamis, écraser et exprimer les grains, réunir le liquide égoutté et celui exprimé, les filtrer à la chausse ou sur un drap de laine, ou bien sur un papier si l'on en a peu à filtrer, renfermer le produit dans un vase fermant bien, en l'accompagnant de quelques noyaux de pêches pilés avec leur amande et un atome d'iris, de vanille ou de cannelle, laisser enfin éclaircir pendant quinze ou vingt jours ; le résultat sera d'autant plus excellent qu'on laissera vieillir.

Ratafia de raisin muscat.

Muscat bien mûr, trié, égrené et bien écrasé	2 kil. 500 gr.
Alcool.	2 litres.

Mettre à macérer pendant quinze à vingt jours, passer en exprimant ; ajouter à la liqueur.

Sucre	3 kilog.
Eau pour fondre le sucre	1/2 litre.

Mêler et laisser s'éclaircir. Au bout d'un mois de combinaison, ce ratifia est très-clair et des plus délicats.

Ratafia d'estragon.

Feuilles sèches et mondées d'estragon.	125 gram.
Alcool à 58 degrés	4 litres.
Clous de girofle	15 décigr.
Cannelle concassée	15 —

Le tout en macération vingt-quatre à quarante-huit heures ; passer sur une toile et ajouter :

Sucre	1 kil. 500
Eau pour fondre le sucre.	1 litre.

Mêler et laisser s'éclaircir, ou filtrer.

(Voir le chapitre suivant).

RATAFIA DE FLEURS D'ACACIA.

Après avoir mondé les fleurs d'acacia, opérer comme ci-dessus, observant de doubler la dose de fleurs.

Cette liqueur est non-seulement agréable, mais d'une saveur analogue à la fleur d'oranger. (Voir encore au chapitre suivant).

VESPETRO.

Graine d'angélique	8 grammes
— de coriandre	30 —
— de fenouil	4 —
— d'anis	4 —
Zestes	1/2 citron
Sucre	750 grammes.
Eau-de-vie à 58 degrés	2 litres.
Eau pour fondre le sucre	1 litre.

Concasser les graines, ne prendre que le zeste de la partie extérieure jaune du citron, mettre le tout en macération dans l'eau-de-vie, six ou huit jours, passer, ajouter le sucre fondu, mêler et mettre à filtrer.

SECTION IV.

DE QUELQUES LIQUEURS DÉLICIEUSES

PAR L'EXTRACTION DIRECTE DU PARFUMS DES FRUITS ET DES FLEURS

à l'aide de procédés inédits qui nous sont particuliers.

Nous allons déroger ici à notre programme, obligé que nous sommes d'opérer la confection de ces sortes de liqueurs à l'aide du feu. Nous comptons être excusé par la simplicité des opérations et la bonne confection des liqueurs.

Si les quantités de liqueurs fabriquées sont trouvées trop petites, chacun pourra les augmenter sans rien changer à la manière d'opérer, le succès sera également certain.

ROSOLIO DE TURIN.

Pétales de roses musquées	100 grammes.
Feuilles d'oranger	50 —
— de jasmin.	50 —
Iris en poudre	4 —
Cannelle	4
Vanille triturée avec un peu de sucre.	2 —
Alcool à 85 degrés	2 litres 1/2
Sucre	2 kil. 500
Eau	1 litre.

Déposer les six premiers ingrédients dans un vase, les mêler, verser dessus le sucre en ébullition dans un litre et demi au plus d'eau, couvrir le vase avec soin, et l'entourer de linge pour maintenir la chaleur ; après refroidissement, séparer le liquide, laver les substances restantes dans un peu d'eau tiède, passer sur un tamis, réunir l'eau de lavage au premier produit, ajouter enfin l'alcool mélangé dans le restant de l'eau après un parfait mélange du tout, attendre de dix à quinze jours avant de filtrer.

CRÈME DE FRAISES.

Pour faire cette liqueur en un instant, prendre :

Fraises fraîchement cueillies et mondées	2 kilogr.
Alcool	2 litres.
Sucre bien blanc	2 kil. 250 gr.
Eau	3 litres.

Écraser les fraises, les placer dans un tamis, verser dessus le sucre et l'eau bien bouillants et peu à peu en remuant, couvrir, et après refroidissement filtrer avec expression sur un tamis ; ajouter l'alcool, boucher et tirer quelques jours après ou filtrer.

Cette liqueur est d'un charme parfait ; elle est plus suave et possède davantage de bouquet que la même liqueur faite par macération directe dans l'alcool, précédemment indiquée.

Pour les crèmes de framboises,
— de mûres,
— de cerises,

suivre le même procédé que nous venons de décrire.

CRÈME DE FLEURS D'ORANGER.

Fleurs d'oranger mondées	250 grammes.
Eau-de-vie blanche ou alcool à 58°	4 litres.
Sucre blanc	1 kil. 500
Eau	2 litres 1/2

Mettre le sucre et l'eau en ébullition, y jeter les fleurs d'oranger mondées et préalablement échaudées un instant par de l'eau bouillante, et, après refroidissement, couvrir le vase, passer dans un tamis ou une toile fine avec légère expression ; ajouter l'alcool, boucher, laisser en repos pendant quelques jours et filtrer. Ce procédé est applicable à toutes les fleurs.

Autre moyen

Non moins intéressant et pouvant s'appliquer également à un grand nombre de fleurs.

Quand on n'a que quelques orangers, rosiers, etc., et qu'on désire utiliser leurs fleurs pour faire de la liqueur, le moyen à employer est aussi simple que facile, et réussit toujours.

Monder les fleurs au fur et à mesure qu'elles s'épanouissent, les étendre dans un bocal par couches successives de fleurs et de sucre en poudre ; le bocal une fois rempli, le tenir huit à dix jours debout à la cave ; séparer ensuite les fleurs pour les laver dans autant de litres d'eau-de-vie que de 375 grammes (12 onces) de sucre employé, afin d'enlever le peu de sucre qu'elles peuvent retenir : filtrer cette eau-de-vie, y faire fondre à froid le sucre parfumé, et, après solution complète, mettre la liqueur à filtrer.

Cette liqueur est des plus agréablement parfumées et sans amertume : nous la préférons à la même liqueur faite par distillation.

Par ce même procédé, on obtient aussi le parfum des *fleurs de rose*, de *seringa*, de *géranium à odeur de lis*, de *giroflée*, de *muguet*, de *réséda*, d'*héliotrope*, de *jasmin*, de *jonquille*, d'*hyacinthe*, de *violettes* et de toutes les fleurs en général.

Mais lorsqu'on a des fleurs en quantité suffisante et qu'on veut obtenir de suite leur parfum pour faire des liqueurs particulières ou de fantaisie, on doit avoir recours aux procédés que nous venons d'indiquer pour confectionner la crème de fleurs d'oranger.

On peut encore, par une modification aux divers procédés que nous venons de donner, procurer aux diverses liqueurs non-seulement un arome aussi suave, mais une clarification plus prompte et plus parfaite.

On monde les fleurs, et on les met sécher à l'ombre entre deux feuilles de papier, on les serre ensuite dans un bocal que l'on tient hermétiquement bouché, dans un endroit bien sec, jusqu'au moment d'en faire usage.

Il suffit ensuite, pour faire la liqueur de telle ou de telle fleur, de verser dessus le sucre et l'eau à l'état d'ébullition, ainsi qu'il est dit ci-dessus, et, après refroidissement, d'y ajouter l'alcool. La dose nécessaire pour chaque litre de liqueur est de 25 à 30 grammes, suivant que le parfum est plus ou moins prononcé dans les fleurs

On arrive encore au même but en mettant les fleurs en macération dans l'alcool ; mais, comme nous l'avons déjà fait observer, ce moyen ayant l'inconvénient, par la grande propriété dissolvante de l'alcool, de produire de l'amertume dès que la macération est trop prolongée, on devra ne donner que deux à trois heures de macération toutes les fois qu'il s'agira de fleurs aromatiques, ou très-rarement quatre heures, sauf à mettre, dans certains cas, un peu plus de fleurs que notre formule n'en indique.

On doit voir, par les différents procédés que nous venons de décrire, combien il est facile de se procurer, sans le secours de la distillation, des liqueurs de fantaisie, soit au jasmin, au muguet, au réséda, à la violette, ou autres fleurs de nos jardins, et de créer une variété infinie de liqueurs, toutes remarquables par le bouquet qui leur est propre.

Il est inutile d'ajouter qu'en réunissant plusieurs sortes de fleurs, on peut, sans employer davantage de temps, ni se donner plus d'embarras, fabriquer des variétés de liqueurs dites composées, d'autant plus agréables que les fleurs auront été mieux assorties par leur parfum.

On pourra aussi, en toute saison, à l'aide des moyens d'extraire et de conserver le parfum des fleurs que nous venons de communiquer, fabriquer des liqueurs qui seront *simples* lorsqu'elles proviendront du parfum d'une seule fleur et *composées* lorsqu'elles seront le résultat de plusieurs parfums réunis.

SECTION V.

LIQUEURS PAR EXTRAIT

OU PARFUMS TOUT DISPOSÉS.

On a dû voir, par les procédés que nous venons de communiquer, et dont la plupart sont dus à nos découvertes, combien la chimie a fait faire de progrès dans la fabrication des liqueurs et combien elle est appelée à en amener d'autres. L'observation, de son côté, a donné le moyen de pouvoir procurer à volonté aux liqueurs le dosage de parfums nécessaire et le meilleur mode de procéder pour toujours obtenir un produit non nébuleux, ni laiteux, mais clair, facile à clarifier, même par le repos, et conforme pour le plus ou le moins de saveur au désir des lieux de consommation ou des particuliers. Tel est le résultat que l'on obtient en suivant notre mode de préparation indiqué pour la liqueur de la Grande-Chartreuse, page 86.

Nous devons encore à l'observation de pouvoir faire des économies sur les approvisionnements nécessaires des substances premières, et souvent d'éviter la perte d'une partie de ces mêmes substances.

En effet, pour fabriquer toutes sortes de liqueurs avec les huiles essentielles, le distillateur est dans la nécessité de se procurer un assortiment relatif de ces produits ; qu'en résute-t-il ? Que des liqueurs qui sont demandées, ou en vogue dans un temps, ne le sont plus dans un autre, que celles dont on espérait le plus de placement n'a pas lieu, et qu'avec le temps, les huiles essentielles s'étant beaucoup détériorées, deviennent impropres aux usages auxquels elles étaient destinées, ce qui constitue une perte sèche : c'est probablement par ces différents motifs que plusieurs personnes dont nous faisons partie ont pensé qu'il serait inutile d'offrir au commerce les huiles essentielles à l'état inaltérable et de plus grande pureté.

Nous allons faire suivre cet avant-propos, des liqueurs par extrait de quelques formules pour liqueur sucrée et non sucrée.

ANISETTE.

Aux quantités d'alcool, de sucre et d'eau indiquées au chapitre XI (71), et après la solution du sucre dans la totalité de l'eau, ajouter peu à peu et en remuant assez d'extrait pour arriver à la saveur désirée, et ainsi pour n'importe quelle sorte de liqueur avec les extraits appropriés.

OBSERVATION.

Étant donné, des flacons dosés d'extrait pour 50 litres de liqueurs. Si pour cette quantité nous ne recommandons pas de l'employer dans son entier, c'est parce qu'elle est relative à la pureté de l'alcool. Ainsi, celui de betterave en nécessite davantage, il en faut pour couvrir sa saveur, *sui generis*, il en faut pour la liqueur, ensuite parce que souvent il faut se conformer au goût de sa clientèle.

BITTER.

Eau-de-vie ordinaire de 45 à 52 degrés, *maximum* ou réduction d'alcool extra-fin à ce titre 50 litres ; alcali volatil 1/4 à 1/2 centilitre. Faire le mélange, donner la couleur de l'eau-de-vie s'il y a lieu, et ajouter peu à peu assez d'extrait de bitter pour satisfaire le goût des clients ; un flacon d'extrait suffit ordinairement pour 50 litres.

Le bitter ainsi préparé avec notre extrait est immédiatement livrable au commerce ; il devient plus ou moins rose dans l'eau selon qu'il y est étendu ; sa limpidité immédiate est due à l'absence totale d'essences dans la composition de notre extrait ; il en est de même pour celui de vermouth et de beaucoup de nos autres extraits.

RHUM.

Alcool disposé, ainsi qu'il vient d'être dit pour le bitter, une quantité quelconque, ajouter peu à peu, et en remuant, assez d'extrait pour lui procurer la saveur de rhum, et compléter la couleur par du caramel, et sur trois parties de cette préparation en ajouter une de bon tafia de la Martinique. Le produit est un rhum de très-bonne qualité et d'une limpidité parfaite.

Il est essentiel dans cette opération de n'employer l'extrait qu'avec grande modération, l'excès en toutes choses devenant un vice, principalement dans cette opération.

KIRSCH.

Même préparation que pour le rhum, moins le caramel, avec addition de 60 à 100 grammes de sirop de froment, pour 100 litres de préparation.

SECTION VI.

AUTRES LIQUEURS PAR EXTRAIT.

Plusieurs industriels, avons-nous dit précédemment, offrent comme nous au commerce des extraits tout composés et inaltérables ; de ce nombre, nous citerons MM. Lebeuf et Ce, dont nous avons eu déjà l'occasion de parler, ayant pour spécialité la fabrication de produits œnantiques auxquels ils ont donné le nom d'extrait : savants dans leur partie et manipulateurs habi les, ils ont su procurer à leurs produits les qualités essentielles d'une bonne fabrication, ce qui leur a mérité une mention honorable à l'Exposition de Saint-Dizier.

Nous allons, dans l'intérêt général, auquel nous tenons beaucoup, et non dans le nôtre, auquel nous tenons moins, présenter les quantités d'extrait que ces messieurs indiquent pour fabriquer les liqueurs.

LIQUEURS DEMI-FINES.

ANISETTE.

POUR 100 LITRES.

Alcool, sucre et eau, comme au Chapitre II, page 11.

Extrait d'anisette . . . . 3 flacons 1/2

CASSIS.

POUR 100 LITRES.

Alcool, sucre et eau, comme ci-dessus.

Extrait de cassis . . . . 3 flacons 1/2

Trois flacons et demi également pour les liqueurs suivantes : *curaçao*, *angélique*, *menthe*, *eau de noyau, parfait-amour, chartreuse, Raspail, génépy des Alpes, rosolio* et pour toutes les liqueurs en général.

Fondre le sucre dans l'eau comme il a été dit nombre de fois, ajouter l'alcool et mêler ; verser ensuite l'extrait, remuer de nouveau, colorer quand il y aura lieu et filtrer.

LIQUEURS FINES.

Pour les liqueurs fines, employer 4 flacons au lieu de 3 1/2, en raison du plus de richesse en sucre et en alcool contenu dans la liqueur.

Ainsi, pour 100 litres :

4 flacons, soit 80 grammes pour 10 litres de liqueur.

La préparation est la même pour toutes. A cet égard, suivre celle indiquée aux liqueurs fines.

LIQUEURS SURFINES.

Par la raison que nous venons de donner que les liqueurs fines nécessitent davantage d'extrait que celles demi-fines, celles dont il est question en demandent davantage encore. Aussi, doit-on, d'après ces messieurs, employer 4 flacons 1/2 pour 100 litres de liqueurs, soit 90 grammes pour 10 litres.

Nous aurons ailleurs l'occasion de parler des prix de chacun des produits œnantiques de cette honorable maison. Leur dépôt, à Paris, est en notre domicile.

CHAPITRE XII

DES SPIRITUEUX AROMATIQUES NON SUCRÉS

ABSINTHE ORDINAIRE

POUR 100 LITRES.

Alcool à 85 degrés	60	litres.
Eau	40	—
Essence d'absinthe	30	gram.
— d'anis	40	—
— d'angélique	3	—
— de badiane	60	—

Mélanger 58 litres d'alcool avec la totalité de l'eau, dissoudre les essences dans le restant de l'alcool et verser cette dissolution peu à peu et en remuant sur le mélange alcoolique.

Degré de l'absinthe, 51.

Demi-fine.

POUR 100 LITRES.

Alcool à 85 degrés	68 litres
Eau	32 —
Essence d'absinthe	32 gram.
— d'anis.	45 —
— d'angélique	4 —
— de badiane	100 —
— de fenouil doux	10 —
— menthe poivrée	6 —

Même préparation.

Degré du mélange, 58.

ABSINTHE SUISSE.

POUR 100 LITRES.

Alcool à 85 degrés	82 litres.
Eau	18 —
Essence d'absinthe	35 grammes.
— d'anis.	100 —
— d'angélique	6 —
— de badiane	100 —
— de coriandre	4 —
— de fenouil doux	30 —

Essence d'hysope.	6	grammes.
— de mélisse	6	—
Sucre candi	100	—

Opérer la dissolution des essences dans 4 litres d'alcool, dissoudre le sucre candi dans une sufffsante quantité d'eau, réunir les restants d'eau et d'alcool, puis, sur l'eau alcoolisée, ajouter la solution du sucre candi, enfin la dissolution des essences et colorer en *vert olive* avec le caramel et la couleur bleue. Force obtenue, 67-70 degrés.

Observation.— On obtient les mêmes résultats avec des extraits concentrés, appropriés pour chacune des qualités d'absinthe, ce qui rend leur préparation moins minutieuse.

Il en est de même pour toutes les liqueurs.

Autre préparation.

Une absinthe qui a aussi, par sa qualité, beaucoup d'analogie avec celles des meilleures provenances, est celle faite avec l'extrait d'absinthe fabriqué par la maison Lebeuf et Ce, déjà citée.

Pour la préparer on emploie :

Alcool à 90 degrés	50	litres.
Eau commune	40	—
Extrait d'absinthe concentrée	2	flacons.

Mêler l'alcool et l'eau, verser l'extrait en remuant, et colorer, ainsi qu'il est dit plus haut.

Nous terminons ici les moyens de composer les absinthes, pensant qu'ils sont suffisamment développés : il est certainement possible de mieux faire, mais prétendre arriver à les confectionner avec de essences d'une qualité comparable à celles de Couvet, de Pontarlier, de Montpellier et de Lyon, ce serait une prétention mal fondée, celles-ci étant le produit d'une distillation et d'une coloration particulières.

AMER D'ANGLETERRE.

Alcool à 50 degrés	100	litres.
Cannelle de Chine	30	grammes.
Calamus aromaticus	120	—
Cumin	30	—
Gentiane	450	—
Gingembre	60	—
Girofle	20	—
Graine d'angélique	5	—

Zeste frais de	20 citrons.
Zestes frais de	30 oranges.
Muscades	15

Faire infuser à froid pendant un grand mois, tirer à clair, et éviter de filtrer s'il est possible.

Dans un cas pressé, mettre les substances dans un bain-marie avec l'alcool, faire infuser à chaud pendant vingt-quatre heures ; après refroidissement, clarifier et filtrer.

AMER DE HOLLANDE.

Alcool à 50 degrés	100 litres.
Écorces de curaçao de Hollande . .	1 kil. 125.
Zestes frais de	25 citrons.
Zestes frais de	25 oranges.

Opérer de même que pour l'amer d'Angleterre.

BITTER DE HOLLANDE

Aloès succotrin.	30 grammes.
Calamus aromaticus	250 —
Écorces de curaçao de Hollande . .	1 kilogramme.
Alcool à 85 degrés	60 litres.
Eau	40 —

Mettre infuser pendant huit jours le calamus et les écorces dans 20 litres d'alcool en agitant de temps en temps, broyer l'aloès et le dissoudre à froid dans plusieurs litres d'alcool, puis réunir l'eau au restant de l'alcool, passer ensuite l'infusion sur un tamis de crin, réunir tous les mélanges ensemble, colorer avec la teinture d'hématine, ajouter, mais infiniment peu, d'acide tartrique.

ALCOOL CAMPHRÉ.

Alcool à 85 degrés.	12 litres.
Camphre	700 grammes.
Eau	8 litres.

Faire dissoudre le camphre dans 8 litres d'alcool seulement, et réunir la dissolution aux autres 4 litres, préalablement mélangés avec la quantité d'eau indiquée; mêler et laisser en repos.

EAU BALSAMIQUE DE BOTOT.

Alcool à 85 degrés.	10	litres.
Anis vert	320	grammes.
Girofle	75	—
Cannelle de Chine	75	—
Essence de menthe.	35	—
Sommités sèches du cresson de Para	300	—
Cochenille	35	—
Crème de tartre	30	—
Alun de Rome	8	—

Faire infuser les aromates et l'essence dans l'alcool ; d'autre part, triturer la cochenille avec la crème de tartre et l'alun à l'aide d'un peu d'eau chaude, réunir les deux mélanges, laisser infuser quinze jours et filtrer.

Cette recette passe pour la seule véritable.

EAU DE COLOGNE ORDINAIRE

POUR 10 LITRES.

Essence de Portugal	de chaque, 60 gram
— de citron	
— de romarin	de chaque, 30 gram.
— de lavande.	
— de bergamote	15 gram.

Verser les essences peu à peu dans 5 litres 1/2 d'alcool, en remuant pour faciliter leur dissolution ; d'autre part, mélanger l'alcool restant avec l'eau, réunir les deux produits, et, après quinze jours de combinaison, filtrer.

Autre supérieure.

POUR 10 LITRES.

Essence de bergamote	de chaque, 60 gram.
— de citron	
— de benjoin.	
— de girofle	de chaque, 30 gram.
— de romarin	
— de menthe française.	— 8 gram.

Teinture d'ambre	10 grammes.
Alcool à 90 degrés	8 litres.
Eau commune.	2 —

Opérer comme ci-dessus.

Autre fine.

Essence de benjoin.	de chaque, 60 gram.
— de bergamote.	
— de cédrat	
— de néroli de Paris . .	de chaque, 10 gram.
— de lavande	
— de romarin	
— de cannelle	
Teinture d'ambre musqué . . .	12 grammes.

Faire dissoudre les essences dans l'alcool, ajouter la teinture d'ambre, et après quinze jours de combinaison, filtrer.

Eau de Cologne superfine.

Cette formule est celle de J.-M. Farina, de Cologne. Nous l'empruntons au *Guide du Parfumeur*[1], qui contient dans son supplément un grand nombre d'autres formules pour faire l'eau de Cologne.

[1] *Guide pratique du Parfumeur*, Dictionnaire raisonné des cosmétiques et parfums contenant la description des substances employées en parfumerie, les altérations ou falsi-

Esprit de vin 3/6 de Montpellier. . .	11	litres.
Essence de romarin.	31	grammes.
— de petit grain.	31	—
— de lavande.	31	—
— de cédrat.	31	—
— de Portugal	62 1/2	—
— de citron.	31	—
— de bergamote	13	—
— de néroli bigarade.	24	—
Eau de fleur d'oranger	600	—

Toutes ces matières doivent être de première qualité. On met toutes les essences infuser dans un bocal pendant une heure, en ayant soin de remuer trois ou quatre fois dans l'intervalle. Ensuite, on ajoute l'eau de fleur d'oranger et on remue de nouveau pendant quelques minutes.

fications qui peuvent les dénaturer, etc., les formules de plus de 500 préparations cosmétiques : huiles parfumées, poudres dentifrices, épilatoires ; eaux diverses, extraits, eaux distillées, essences, teintures, infusions, esprits aromatiques, vinaigres et savons de toilette, pastilles, crèmes, etc., ouvrage entièrement nouveau présentant des considérations hygiéniques sur les préparations cosmétiques qui peuvent offrir des dangers dans leur emploi, par M. le docteur Lunel, chimiste, membre des académies des sciences de Caen, Chambéry, etc., ancien professeur de chimie et d'histoire naturelle, *nouvelle édition* avec une introduction et un supplément. (*Bibl. des profess. industr. et agric*).

Après 24 heures de repos, on filtre au papier simple.

Eau de Cologne concentrée.

La formule suivante, de Mme Croset, est également empruntée au *Guide du Parfumeur* :

Alcool	1 litre.
Essences de néroli fin, de Portugal, de bergamote.	1 once 4 gros de chaque.
Essences de cédrat, de zeste de citron, de néroli, petit grain	1 — —
Essences de romarin, de lavande, de benjoin	2 — —

Distiller à deux reprises, le résultat sera 1 litre d'eau de Cologne concentrée, avec laquelle on pourra faire à volonté de l'eau de Cologne de première qualité, très-parfumée, en y ajoutant 10 fois son volume d'alcool.

Nous savons fort bien que la mise en pratique de cette formule sort un peu de notre programme, puisqu'il s'agit de distillation, mais nous ferons remarquer que la fabrication de l'eau de Cologne concentrée a une grande importance, parce qu'elle permet d'économiser des droits d'importation et des frais de transports pour les lieux où l'on trouve l'alcool et où l'on peut dès lors étendre cette eau, comme nous l'avons dit, en y ajoutant 10 fois son volume d'alcool.

EAU-DE-VIE CAMPHRÉE.

Camphre.	300 grammes
Alcool à 90 degrés.	6 litres.
Eau commune	4 —

Dissoudre le camphre dans cinq litres d'alcool, d'autre part mêler le restant de l'alcool avec l'eau; réunir les produits et filtrer.

L'alcool et l'eau-de-vie camphrés ne sont employés que dans les contusions, entorses, douleurs rhumatismales, etc.

EAU-DE-VIE DE GAYAC.

Bois de gayac râpé	250 grammes.
Zestes frais de.	10 citrons.
Essence de menthe ordinaire.	5 grammes.
Alcool à 85 degrés.	10 litres.

Faire infuser pendant 15 ou 20 jours le gayac et les zestes, en remuant de temps en temps, passer sur un tamis, ajouter les essences, colorer en jaune avec le caramel et filtrer.

EAU-DE-VIE DE LAVANDE.

Alcool à 90 degrés.	15 litres.
Essence de lavande rectifiée. . .	150 grammes.
Eau commune	5 litres.

Dissoudre l'essence dans deux litres environ d'alcool, d'autre part mêler le restant de l'alcool avec l'eau, réunir les deux produits, colorer en jaune avec le caramel, et 15 jours après filtrer.

EAU-DE-VIE DE LAVANDE AMBRÉE.

Mêmes substances et en même quantité que ci-dessus, addition en plus de 15 grammes de teinture d'ambre musqué.

EAU-DE-VIE DES JACOBINS DE ROUEN.

Alcool à 90 degrés.	10	litres.
Cannelle de Chine	60	grammes.
Santal citrin	50	—
Bois de genièvre	40	—
Anis vert.	35	—
Cochenille	30	—
Semence d'angélique	20	—

Bois d'aloès	de chaque, 15 grammes.
Galanga	
Girofle	
Macis	

Piler les substances le plus possible et faire infuser 40 jours dans l'alcool, filtrer et mettre en bouteilles.

Cette eau est un excellent stomachique ; prise à petites doses après le repas, elle diminue, dit-on, la congestion du sang vers le cerveau, qui accompagne ordinairement les digestions laborieuses.

EAU VULNÉRAIRE.

POUR 50 LITRES.

Alcool à 90 degrés	28 litres.
Eau commune	22 —
Essence de lavande	de chaque, 25 grammes.
— de thym	
— de romarin	de chaque, 20 grammes.
— de sauge	
— de serpolet	
— de fenouil amer	15 grammes.
— de marjolaine	8 —
— d'absinthe	de chaque, 5 grammes.
— de menthe	

Essence d'hysope.	de chaque, 3 grammes	
— de mélisse.		
— d'angélique	2 grammes.	

Faire dissoudre les essences dans 20 litres environ d'alcool, d'autre part mélanger le restant de l'alcool avec l'eau, réunir les deux produits et filtrer après 15 jours de repos.

L'eau vulnéraire est particulièrement employée contre les contusions, les coups à la tête, les chutes, etc.; on l'emploie aussi à l'intérieur dans un grand nombre de cas.

ÉLIXIR DE LONGUE VIE

Alcool à 90 degrés.		6 litres.
Eau commune.		4 litres.
Agaric blanc . . .	de chaque. . .	20 grammes.
Gentiane		
Rhubarbe.		
Safran gâtinais . .		
Aloès succotrin		150 grammes.
Thériaque		40 —

Piler et faire infuser dans 2 litres 1/2 d'alcool pendant 15 jours; tirer à clair et recharger avec 2 autres litres 1/2 d'alcool, laisser encore infuser 15 jours, passer sur un tamis; d'autre part, mélanger le restant de l'alcool avec l'eau, réunir les différents produits et filtrer.

Cette recette est celle du docteur Yernist, médecin suédois, mort à l'âge de 104 ans d'une chute de cheval. Son grand-père avait 130 ans, sa mère 107, et son beau-père 112; chacun avait pris chaque jour huit à dix gouttes de cet élixir dans une cuillerée de vin ou de bouillon.

ÉLIXIR DE FAMILLE DIT ÉLIXIR TONDEUR.

Alcool.	5 litres.
Eau	3 lit. 50
Sucre	4 kilog.
Muteline (thé suisse)	100 grammes.

Et les essences suivantes :

Angélique	1 gramme.
Mélisse.	1 —
Bergamote.	40 centigrammes.
Cannelle.	60 —
Cédrat	30 —
Cumin	30 —
Girofle	40 —

Prendre la quantité d'eau nécessaire pour faire l'infusion du thé (1 litre et demi à 2 litres), laisser refroidir et passer avec expression, ajouter le reste de l'eau et la moitié de l'alcool. Dans le reste de l'alcool dissoudre les essences, puis réunir les deux mélanges; les coller avec un blanc d'œuf, laisser reposer pendant 3 ou 4 jours, filtrer et mettre en bouteilles.

GENIÈVRE.

POUR 50 LITRES.

Alcool à 90 degrés	28 litres.
Eau commune	22 —
Essence nouvelle et surfine de genièvre	50 gr.

Dissoudre l'essence dans environ la moitié de l'alcool, mélanger le restant de l'alcool avec l'eau, réunir les deux produits. Laisser éclaircir par le repos.

KIRSCHWASSER.

DE SA FABRICATION. — FALSIFICATION.

Sous le nom de kirsch, l'alcool de cerises noires est l'objet d'une grande consommation, surtout en France. Aussi la falsification vient largement à son secours. Dans l'énorme commerce de spiritueux qui se pratique dans les grandes villes, la concurrence a produit des miracles de bon marché. La contrefaçon se trahit déjà par ces prix de vente, qui sont très-souvent inférieurs au prix de revient de la marchandise loyale et vraie. Aussi on vend des sirops de gomme sans gomme, de la liqueur d'absinthe sans absinthe, du kirsch sans cerise noire, etc. Pour ce dernier, on remplace par de l'eau distillée de laurier-cerise le parfum naturel communiqué par le noyau du fruit à cette liqueur. Le kirsch est un alcool à 50° cent. On mêle un peu d'eau de laurier-cerise avec de l'alcool fin du Nord ramené à 50° cent. ; le tour est fait; il n'est ni long, ni difficile, ni coûteux, et le kirsch de la Forêt-Noire est distancé par le prix, de telle façon que la concurrence devient difficile à soutenir.

Le vrai kirsch est fabriqué dans les pays qui avoisinent la Forêt-Noire, et en France dans les Vosges, la Haute-Saône et les départements du Rhin. Il est le produit de la distillation du suc fermenté de cerises avec noyaux qui lui communiquent la proportion d'acide cyanhydrique auquel cette liqueur doit son odeur et son goût. Les petites cerises noires donnent le meilleur kirsch. La distillation se fait à feu nu ; cependant quelques distilleries à vapeur se sont organisées. Pour distinguer le kirsch vrai de sa contrefaçon, versez dans un tube en verre blanc quelques grammes de cette liqueur et ajoutez-y une pincée de gaïac rapé (Lignum guajaci). Le kirsch vrai prend aussitôt une belle couleur bleue. A cette première réaction, joignez le titrage de l'acide cyanhydrique, suivant le procédé Buignet. La teneur normale du kirsch vrai varie de 7 à 10 milligrammes pour 100 grammes de liqueur. Le kirsch falsifié avec de l'eau de laurier-cerise ne bleuit que faiblement le gaïac.

Quant aux caractères empiriques tirés du goût, du parfum, de la friction dans la paume des mains, du perlage par l'agitation, etc., le plus sûr est de ne pas s'y fier.

KIRSCH OU KIRSCHENWASER

par imitation

COMPARABLE A CELUI DE LA FORÊT-NOIRE.

De tous les moyens que nous avons employés

pour faire le kirsch par imitation, celui que nous allons décrire est un de ceux qui méritent le plus de confiance.

Eau distillée de laurier-cerise. . . .	25 centilitres.
Noir végétal bien lavé et séché . . .	50 grammes.
Sucre blanc, *minimum*.	60 —
— *maximum*	80 —
Eau de fleurs d'oranger de	2 à 3 centil.
Alcali volatil.	quelq. gouttes.
Bon kirsch.	6 litres.
Alcool à 85 degrés, fin de goût. . .	12 —
Eau pure.	8 —
Eau-de-vie de marc de raisin. . . .	20 centilitres.

Fondre le sucre dans l'eau, ajouter l'alcool et l'alcali, remuer, verser les eaux de laurier-cerise et de fleurs d'oranger, filtrer tout le mélange par deux fois sur le noir et ajouter le kirsch.

Ce kirsch, que nous avons ainsi préparé pour notre commerce pendant une douzaine d'années, est d'une saveur douce, agréable, bien parfumée, est vieux tout à la fois et acquiert encore de la qualité en vieillissant.

Afin de laisser au lecteur un choix à faire dans les différentes manières de fabriquer du kirsch sans distillation, nous donnerons encore, comme étant très-heureux dans ses résultats, celle d'en préparer avec l'extrait ou essence fabriquée par MM. Lebeuf et Ce, d'Argenteuil.

POUR 100 LITRES.

Alcool bon goût, à 90 degrés. .	60 litres.
Eau	40 —
Essence de kirsch	2 flacons.
Sucre candi blanc	1 kil. 600

Faire fondre le sucre dans un peu d'eau bouillante ; ajouter le restant de l'eau, puis l'alcool, dans lequel on dissout préalablement l'essence, bien remuer et laisser éclaircir.

RHUM

SANS DISTILLATION.

Le rhum étant le résultat de la mélasse de sucre fermentée et distillée, auquel la saveur particulière est communiquée au moyen d'ingrédients composés, lesquels, après avoir été préparés, prennent le nom de sauce dans les îles où se prépare le rhum, on ne trouvera pas étonnant de nous en voir fabriquer par imitation.

POUR 100 LITRES DE RHUM.

Ecorce de bois de chène pilée . . .	500 grammes.
Zestes d'oranges sèches.	20 —
Poivre Jamaïque en poudre	20 —
Clous de girofle.	10 à 15 au plus.
Cachou en poudre.	10 —
Vanille.	2 —
Cuir tanné, râpé et légèrement torréfié	1 1/2 à 2 kil.
Alcool à 85 degrés.	61 grammes.
Eau commune.	39 —

Infuser tous les ingrédients, pendant quinze à vingt jours, dans l'alcool, remuer le mélange de temps à autre, tirer à clair et laisser égoutter sur un tamis, puis verser l'eau sur le résidu et ajouter à l'infusion et à l'eau ainsi réunies une suffisante quantité de teinture de goudron, et colorer avec du jus de pruneaux réduit à l'état de caramel. Ceux de Bordeaux sont les plus convenables.

Pour préparer le rhum à la manière des îles, c'est-à-dire au moyen d'une sauce, ce que nous conseillons lorsqu'on ne veut le préparer qu'en petite quantité, alors : alcool 10 litres et tous les ingrédients indiqués ci-dessus, mettre le tout infuser pendant un mois ou plus.

Cette préparation, dite sauce, gagne de qualité en vieillissant, et il suffit en l'employant, d'en proportionner les doses selon celle de l'alcool réduit de 49 à 52 degrés.

Le rhum ainsi fait, on le parfume avec la teinture de goudron, on le pèse afin de le réduire ou de le remonter de 50 à 53 degrés au plus, et on le colore avec du caramel de raisin, à défaut de celui de pruneaux.

On prépare aussi un rhum très-agréable, et qui se rapproche beaucoup du rhum anglais, au moyen de l'un des produits de la fabrique de MM. Lebeuf et Ce, d'Argenteuil.

Voici comment on procède :

POUR 100 LITRES

Alcool bon goût à 90 degrés	50 litres.
Eau	40 —
Tafia	10 —
Essence ou extrait de rhum	2 flacons.

Mélanger le tout, colorer et coller.

On arrive encore à produire un rhum par imitation, se rapprochant beaucoup pour la qualité de celui d'Amérique, en employant une essence de rhum.

Nous ferons observer que le rhum, soit qu'il soit fabriqué ici par imitation, soit qu'il ait été fabriqué dans les îles, demande toujours de vieillir pour acquérir de la qualité ; cette observation s'applique également aux absinthes et à toutes les combinaisons spiritueuses.

Nous ne reviendrons pas sur les moyens de fabriquer les liqueurs, persuadé que nous sommes qu'ils sont suffisamment développés pour que chacun puisse non-seulement fabriquer toutes celles qui sont connues, mais en créer de nouvelles ; car, ainsi que nous l'avons déjà dit, la réussite d'une liqueur sera toujours certaine si, d'un côté, on observe ponctuellement les doses d'alcool, de sucre et d'eau, que nous avons indiquées, et si, de l'autre, on proportionne le dosage des parfums de manière à ce qu'aucun ne domine ni en plus ni en moins.

De ce qui précède, ne reconnaît-on pas le précieux avantage de pouvoir, sans beaucoup d'étude ni de travail, devenir inventeur d'une liqueur, en prendre le droit de propriété, à laquelle on peut donner son nom ou une qualification quelconque?

C'est ainsi que nous-même, nous avons composé des liqueurs, même des vins factices, d'après les moyens indiqués dans l'un de nos ouvrages.

Parmi les chimistes bien connus pour l'analyse des liquides, on peut citer, comme talent hors ligne, MM. Chevalier père et fils, et M. de Champesne. Nous avons vu une analyse de l'un de nos vins faites par ce dernier, dont les résultats ont démontré avec tant de précision les substances avec lesquelles nous avions composé notre vin, que nous aurions été disposé à croire à l'indiscrétion d'un témoin, si nous n'avions pas été seul dans notre laboratoire lors de notre vinification.

Le vin n'étant pas le sujet qui doit nous occuper, revenons aux liqueurs.

Nous disions que le succès de leur confection dépendait entièrement de l'attention à apporter dans les quantités d'alcool, de sucre et d'eau que nous avons indiquées pour chaque classe de liqueurs, et de l'emploi des parfums ou essences, dans des proportions telles que le parfum de l'une ne puisse dominer l'autre. Ajoutons que le choix de ces essences est indispensable pour une bonne fabrication, et que c'est toujours aux premières qualités qu'il faut avoir recours. Malheureusement, peu de droguistes et de parfumeurs sont à même de nous satisfaire sur ce point, trompés qu'ils sont quelquefois eux-mêmes par la réception d'essences falsifiées, lesquelles souvent se détériorent et rancissent en très-peu de temps.

CHAPITRE XIII.

EMPLOI DES ÉCUMES ET DES EAUX PROVENANT DU LAVAGE DES FILTRES.

Que les écumes et les eaux de lavage des filtres proviennent du sucre destiné à la fabrication des liqueurs ou à celle des sirops, beaucoup de distillateurs les réunissent, les clarifient et ajoutent les auxiliaires voulus pour les convertir en sirop de seconde qualité, soit de capillaire, de gomme ou autre, et retirent le sirop du feu aussitôt qu'il a atteint 32 degrés bouillant au pèse-sirop. Mieux serait de suivre notre moyen, c'est-à-dire de destiner les écumes et les eaux de lavage des filtres au sucrage des liqueurs ordinaires et demi-fines, attendu que les conséquences de ce moyen se traduisent par une économie de temps et de combustible, et donnent la possibilité de destiner les unes pour les liqueurs simples et les autres pour celles qui sont composées. Pour cela, que faut-il faire? Avoir deux baquets, l'un pour les écumes provenant de la clarification du sucre, l'autre pour celles produites par la clarification des sirops; puis, au moment d'en faire l'emploi, les mettre séparément sur le feu pour les clarifier avec de l'eau albumineuse (voir à la *fabrication des sirops*), et mettre à filtrer sur un lainage, et après refroidissement complet, reconnaître la quantité de sucre que possède le liquide sucré.

Cette quantité étant appréciée, on doit concevoir qu'il faut la déduire sur celle qui est nécessaire pour la liqueur à fabriquer, et déduire aussi sur la totalité de l'eau également nécessaire toute celle provenant de la clarification.

Pour mettre cette appréciation à la portée de tout le monde, nous présentons le tableau suivant:

TABLEAU

Indiquant la quantité de sucre contenue en terme moyen dans un litre d'eau chargée d'une quantité quelconque de sucre à la température de 15° centigrades.

DEGRÉS.	POIDS.	
	Gram	Centig.
1/2	12	50
1	25	»
2	50	»
4	100	»
6	150	»
8	200	»
10	250	»
12	300	»
14	350	»
16	400	»
18	450	»
20	500	»
22	550	»
24	600	»
26	650	»
28	700	»
30	750	»
32	800	»
34	850	»
36	900	»
38	950	»
40	1,000	»

CHAPITRE XIV.

FORMULES ET PRÉPARATIONS DES SIROPS.

On nomme sirop une solution de sucre dans l'eau, ayant pour densité commerciale 35 à 36 degrés au pèse-sirop de Baumé ; dans cet état on le nomme sirop simple. Il est pour les distillateurs la base des autres sirops, celle aussi des liqueurs dans les grands établissements. Dès qu'on lui adjoint une ou plusieurs substances, il porte le nom de sirop composé ou celui de la substance dont il est composé.

On distingue encore les sirops par leurs modes de préparation, dont le nombre peut s'évaluer à sept. Leur description n'étant pas nécessaire pour la fabrication des sirops les plus usuels, nous donnerons seulement la manière de préparer le sirop de sucre, nous contentant, pour les autres, d'indiquer les quantités de sucre, d'eaux chargées de principes aromatiques ou de sucs qui entrent dans leur composition.

SIROP DE SUCRE.

Sucre . . . . 50 kilog.
Eau pure . . . . 28 litres.
Blancs d'œufs bien frais et suivant leur grosseur 6 à 8.

Se servir d'une bassine en cuivre rouge non étamée, mettre dedans le sucre divisé en morceaux de moyenne grosseur avec 16 litres d'eau.

D'autre part, fouetter les blancs avec un petit balai d'osier ou de bouleau, et aussitôt qu'ils commencent à entrer en mousse, y ajouter peu à peu et en fouettant le restant de l'eau. Cela fait, en verser 6 litres dans la bassine, remuer pour dissoudre le sucre autant que possible, puis allumer le feu et le pousser. Dès que les écumes sont montées et qu'elles se sont en quelque sorte solidifiées, alors verser à hauteur et au filet assez d'eau albumineuse, et au besoin fermer la porte du cendrier pour suspendre l'ébullition et pouvoir écumer. L'ébullition, reprenant bientôt son cours, donnera lieu à de nouvelles écumes. Répéter pour les enlever ce que nous venons de dire. Enfin, laisser une troisième fois l'ébullition s'établir, et écumer lorsqu'elle ne présente plus qu'une écume légère et blanche et qu'on aperçoit le fond de la bassine.

Lorsque l'on a rendu l'eau assez albumineuse et que l'on a apporté tous les soins que nous indiquons, le sirop est d'une limpidité telle, qu'il n'a aucunement besoin d'être filtré. On laisse alors continuer l'ébullition. On pèse le sirop, et selon son degré de densité, on continue sa cuisson jusqu'à 32 degrés, ou on le réduit à ce titre par l'addition d'une quantité suffisante d'eau, et on retire la bassine du feu.

Voici un procédé plus simple et plus expéditif pour clarifier le sucre :

Sucre concassé	20 kilog.	
Eau	10 —	600
Blancs d'œufs frais	2	

On prépare une eau albumineuse en fouettant les blancs d'œufs avec un petit balai de bouleau, et leur ajoutant peu à peu un litre d'eau ; on délaye le sucre dans le restant de l'eau, puis on mélange le tout et on le fait chauffer dans un autoclave muni d'une soupape : après 15 à 18 minutes au plus d'ébullition, on ôte du feu et on sort le sirop, qui se trouve très-clair et à son point de cuite pour le mettre néanmoins à filtrer.

Le sirop simple, avons-nous dit, est la base de tous les sirops, et dans les grands établissements celle des liqueurs ; aussi les distillateurs en préparent-ils de grandes quantités à l'avance, observant toutefois de diminuer sur la quantité d'eau nécessaire à fabriquer les liqueurs celle qui est contenue dans le sirop.

SIROP DE CAPILLAIRE.

Lorsqu'on est approvisionné de sirop de sucre, en faire chauffer à ébullition une quantité quelconque, y ajouter du capillaire du Canada bien sec, à raison de 1200 grammes par 100 litres. Le mélange fait, le couvrir, laisser en repos pendant une heure et passer à travers un blanchet ou une poche en laine.

Par cette manière d'opérer, on procure au sirop davantage d'arome et de finesse que par les moyens ordinairement employés, même en faisant usage d'une plus grande quantité de capillaire.

Autre manière d'opérer.

POUR 100 LITRES.

Sucre blanc	50 kilog.
Capillaire du Canada bien sec	750 gram.
Et, à défaut, celui de Montpellier. . . .	1 kilog.
Eau pure	28 litres.
Blancs d'œufs	6 à 8

Mettre en ébullition environ 20 kilog. de sucre dans 10 litres d'eau, y mettre infuser pendant une heure et demie les deux tiers du capillaire, passer le mélange sur un tamis, laver le capillaire dans 8 litres d'eau, repasser sur le tamis, réunir les deux produits et y ajouter le restant du sucre.

Préparer d'autre part une eau albumineuse avec

les blancs d'œufs et le restant de l'eau, et opérer la clarification de même qu'il a été dit pour le sirop de sucre, puis, le sirop arrivé à 32 degrés de cuisson, le sortir du feu, y ajouter et bien mélanger le restant du capillaire, et, une heure après, mettre à filtrer. Cette dernière addition du capillaire a pour raison de restituer au sirop l'arome de cette plante dont il se perd toujours une petite quantité pendant la clarification et la cuisson du sirop.

SIROP DE CERISES.

Sucre raffiné blanc	30 kil.
Conserve de cerises.	16 —

On décante et on filtre la conserve de cerise avant de la verser sur le sucre préalablement placé dans la bassine. On enlève de dessus le feu au premier bouillon; après une minute de repos, on écume et l'on filtre.

Pour le sirop qu'on fait directement de la cerise, on exprime le jus après avoir enlevé les queues et les noyaux; au bout de 24 heures, on filtre et l'on opère comme ci-dessus.

SIROP DE FRAMBOISES.

Sucre ou jus de framboises obtenu par expression et après défécation [1] et filtration	20 kilog.
Sucre raffiné blanc	40 —

Casser le sucre en très-petits morceaux, ajouter le jus de framboises, chauffer sans agiter le mélange, et, après une minute à peine d'ébullition, ôter du feu, laisser un instant en repos et écumer.

Le sirop ainsi préparé, étant parfaitement limpide, n'a pas besoin d'être filtré.

SIROP DE GROSEILLES.

Même quantité de jus déféqué et de sucre que pour le sirop de frambroises et même préparation.

Selon la fantaisie, ou le besoin, on donne à ce sirop la saveur plus ou moins prononcée de

[1] Pour obtenir la défécation des jus de framboises, de groseilles, de cerises et autres, il faut les tenir pendant 24 à 48 heures à la cave dans des vases en faïence, puis aussitôt que les parties hétérogènes sont élevées à la surface, les écumer et filtrer.

framboise en employant le jus de ce fruit, mais alors il faut déduire sur celui de groseille la même quantité qu'on a l'intention d'ajouter, ou sucrer cette quantité par deux fois son poids de sucre.

On augmente sa couleur également à volonté à l'aide d'une infusion un peu chargée, provenant de roses trémières sèches et mondées, infusées dans du vinaigre ou mieux dans de l'eau acidulée par de l'acide tartrique.

On peut encore remplacer avantageusement le jus de groseilles par la conserve de ce fruit et dans les mêmes proportions. Il en est de même pour les jus des autres fruits en employant les conserves qui leur sont appropriées.

SIROP DE GOMME.

Lorsqu'on est approvisionné de sirop de sucre, le faire chauffer jusqu'à ébullition, y ajouter par chaque kilogramme employé 125 grammes de gomme arabique en dissolution dans son même poids d'eau froide et filtrée sur un linge mouillé, à mailles un peu serrées, pousser vivement la cuisson jusqu'à 32 degrés, ôter du feu, et, un instant après, enlever le cordon de mousse qui adhère aux parois de la bassine.

A défaut de sirop de sucre préparé à l'avance, les substances à employer et leur préparation pour faire le sirop de gomme sont celles-ci :

Sucre raffiné blanc	50	kilog.
Gomme arabique blanche ou d'un blond clair.	6	—
Eau pure	30	litres.
Blancs d'œufs bien frais.	6	.

Clarifier le sucre avec 21 litres d'eau et les blancs d'œufs de la manière déjà expliquée pour le sirop de sucre; ajouter, tandis qu'il est bouillant, la gomme préalablement mise en dissolution complète dans l'eau restante, et passée sur un linge mouillé, puis pousser vivement la cuisson jusqu'à 32 degrés.

Parfois, on aromatise le sirop par 1 litre d'eau double de fleurs d'oranger ; on doit attendre pour l'y introduire qu'il soit aux trois quarts refroidi.

On doit concevoir qu'en remuant souvent la gomme, on active sa dissolution.

SIROP DE GUIMAUVE.

Sucre blanc.	50 kilog.
Racine de guimauve sèche, blanche et mondée.	3 —
Eau	28 —
Blancs d'œufs. . . . . 6 à	8 —

Écraser ou diviser la guimauve, la faire bouillir pendant 20 à 25 minutes dans 15 litres d'eau, passer ensuite sans exprimer sur un tamis, ajouter le sucre à la décoction, clarifier par les moyens déjà indiqués, cuire à 52 degrés, et passer au blanchet ou dans une poche en laine ; le sirop devenu tiède, ajouter 50 à 80 centilitres d'eau de fleur d'oranger ; mettre en bouteilles pour ne les boucher qu'après refroidissement complet du sirop.

SIROP DE LIMON.

On prépare le sirop de limon soit avec le jus de ce fruit, soit avec son écorce, soit encore avec l'esprit de citron concentré et l'acide citrique.

Pour le préparer avec le *jus* :

Rouler les limons en tous les sens et avec une légère pression jusqu'à ce qu'ils soient bien amollis, enlever leurs écorces, les séparer en deux, les exprimer fortement, et filtrer le jus, puis l'ajouter dans la proportion d'un litre par chaque 10 kilogrammes de sucre clarifié, et pousser la cuisson jusqu'à 32 degrés.

Pour le préparer avec les écorces, laisser les écorces dans de l'eau bouillante, pendant quelques minutes, enlever la partie jaune, la faire bouillir dans la proportion de 4 kilog. pour 50 kilog. de sucre clarifié et pousser la cuisson jusqu'à 32 degrés, passer ensuite sur un tamis ou mettre à filtrer par les moyens connus. Lorsque le sirop manque de parfum, on l'aromatise avec de l'esprit de citron.

On prépare de même les sirops d'oranger et de bigarrades et aussi celui de citron, lequel se vend assez souvent pour celui de limon.

Pour le préparer avec l'esprit de citron et l'acide citrique.

Observer les quantités suivantes :

Sucre raffiné blanc.	50 kilogr.
Esprit de citron concentré.	50 centil.
Acide citrique	400 gram.
Ou Acide tartrique	800 —

Eau pure	26 litres.
Blancs d'œufs.	5

Clarifier le sucre, cuire son sirop jusqu'à 32 degrés, passer à la chausse ou au blanchet, puis ajouter l'esprit de citron et la dissolution d'acide citrique qu'on aura préalablement fait fondre dans un demi-litre au plus d'eau et filtrer, remuer vivement le mélange, le mettre en bouteilles aussitôt qu'il sera tiède, et ne boucher qu'après entier refroidissement, attention que nous recommandons pour tous les sirops, tant pour faciliter leur mise en bouteilles que pour leur conservation.

SIROP DE MURES.

Sucre raffiné blanc et mûres non en parfaite maturité, partie égale en poids.

Écraser les mûres à la main ou sous une ecumoire, les réunir au sucre cassé en moyens morceaux, faire bouillir le mélange en remuant avec un bâton ou une écumoire jusqu'à 32 degrés du pèse-sirop, passer alors au blanchet.

Le marc resté sur le blanchet doit s'utiliser

dans les infusions de cassis, soit par lavage, soit tel quel et divisé dans l'infusion.

SIROP DE FLEURS D'ORANGER.

Sucre raffiné blanc.	50 kilogr.
Eau pure	18 litres.
Eau de fleurs d'oranger triple. . .	5 —

Casser le sucre, le fondre avec les 18 litres d'eau à une chaleur de 70 à 75 degrés, y ajouter l'eau de fleurs d'oranger bien filtrée, mélanger vivement, couvrir pendant une heure, et au besoin passer au blanchet ou sur une chausse jusqu'à parfait éclaircissement.

Le sirop de roses et d'autres analogues se préparent de la même manière.

SIROP D'ORANGES DOUCES.

Ce sirop se prépare comme celui de limon, en employant l'esprit d'orange concentré en remplacement de celui de citron.

SIROP D'ÉCORCES D'ORANGES AMÈRES.

Même préparation que pour le sirop de limon,

en supprimant l'esprit de citron concentré et le remplaçant par la même quantité d'esprit de curaçao.

SIROP D'ORGEAT.

Il y a plus d'art qu'on ne pense à bien préparer le sirop d'orgeat, aussi ne saurions-nous trop recommander de suivre avec beaucoup de soins notre méthode de préparation.

Amandes douces	2 kilogr. 500
Amandes amères	1 — 250
Sucre raffiné blanc	30 kilogram.
Eau pure	16 litres 80 cent.
Gomme adraganthe en poudre. . . .	25 grammes.

Couvrir les amandes d'eau bouillante, et lorsque leur enveloppe cède l'amande sous la pression, les jeter sur un tamis, de là dans de l'eau fraîche ; l'eau devenue tiède, monder les amandes et les jeter au fur et à mesure dans de l'eau très-fraîche, pour les refroidir promptement, les empêcher de jaunir et contracter une odeur rance. Après cette opération, prendre les amandes par parties, les broyer dans une sébile en bois à l'aide d'un boulet de canon ou dans un mortier en marbre sous l'action d'un pilon en ajoutant un peu de sucre, et un instant après un peu d'eau, l'un et l'autre pris sur la quantité prescrite, pour empêcher les amandes de se transformer en huile et afin qu'elles puissent former une émulsion laiteuse. Les amandes réduites en pâte un peu liquide et impalpable, mettre celle-ci dans une terrine, puis, lorsque, par suite de continuation, les amandes seront dans le même état de division, ajouter la moitié de l'eau restante et passer à travers un tamis de crins assez serré ; cela fait, mettre la pâte dans un linge mouillé, l'exprimer fortement, la sortir du linge pour la délayer dans l'eau restante, pour de nouveau la passer au tamis et l'exprimer : ensuite réunir les deux émulsions, les passer sur une étamine ou sur un tamis de soie, en verser les trois quarts sur le sucre, qui doit, à l'avance, être cassé en moyens morceaux et jeté dans la bassine, puis, avec le restant de l'émulsion et de la gomme adraganthe, former un mucilage. A cet effet, placer la gomme adraganthe dans un mortier, en former avec l'émulsion une pate d'abord solide, puis insensiblement un peu liquide pour que la gomme ne se pelotonne pas, broyer cette pâte à l'aide du pilon, assez longtemps pour dissoudre la gomme ; ajouter par intervalle et peu à peu le restant de l'émulsion sans cesser de broyer ; verser enfin le mucilage dans la bassine, placer celle-ci sur le feu, remuer doucement la composition jusqu'à l'entière dissolution du sucre, sortir la bassine du feu, passer le sirop à travers un linge mouillé assez serré ou dans un tamis de soie, et exprimer.

Ce mode de préparation a pour mérite de procurer une grande économie dans l'emploi des amandes, et donne au sirop d'orgeat l'avantage de ne presque pas se séparer, ou de ne se séparer qu'après un temps assez long. Il est tellement agréable de goût et de parfum, que l'addition de l'eau de fleur d'oranger serait une pure fantaisie; dans cette hypothèse, la dose en serait de 40 centilitres qu'il faudrait ajouter au sirop une heure après l'avoir sorti du feu.

Ajoutons, à titre de recommandation, de ne

jamais faire bouillir le sirop d'orgeat, ni l'écumer, et que sorti du feu et passé sur un linge mouillé ou dans un tamis de soie, ainsi que nous l'avons dit, il faut avant de le mettre en bouteilles, le remuer de temps à autre jusqu'à ce qu'il soit tiède.

SIROP DE PUNCH AU COGNAC.

Sucre raffiné blanc	50 kilogr.
Eau-de-vie de Cognac à 58 degrés . . .	25 litres.
Esprit de citron concentré.	10 centilit.
Acide citrique fondu dans un peu d'eau	60 grammes.

Concasser le sucre, le mettre fondre au bainmarie à une chaleur de 45 degrés avec toutes les autres substances, verser dans un baril n'ayant contenu que des spiritueux non aromatiques, boucher le baril et laisser en repos pendant vingt-quatre à quarante-huit heures.

En remplaçant l'eau-de-vie de Cognac par du 3/6 coupé au même degré, on aura ce que l'on appelle le sirop de punch ordinaire.

SIROP DE PUNCH AU KIRSCH.

Sucre blanc raffiné	50 kilogr.

Kirsch à 55 degrés	20 litres.
Alcool de vin à 85 degrés	3 —
Esprit de noyaux	1 —
— de citron cencentré	10 centil.
Acide tartrique fondu dans un peu d'eau	60 grammes.

Opérer comme pour le précédent.

SIROP ORDINAIRE DE PUNCH AU RHUM.

Sucre blanc raffiné	50 kilogr.
Bon tafia de la Martinique	20 litres.
Alcool de vin à 85 degrés	4 —
Esprit de citron concentré	10 centil.
Acide citrique fondu dans un peu d'eau	60 gram.

Même manière d'opérer que pour le sirop de punch au cognac.

SIROP FIN DE PUNCH AU RHUM.

Sucre blanc raffiné	52 kilogr.
Rhum fin	16 litres.
Alcool 3/6 Montpellier	8 —
Esprit de citron concentré	10 cent.
Acide citrique fondu dans un peu d'eau	60 gram.
Thé hyswin	250 —
Eau pure	4 litres.

Faire une forte infusion du thé dans les 4 litres d'eau, passer sur un tamis, réunir l'infusion au sucre concassé, ajouter les autres substances, et opérer ensuite comme il est dit pour le sirop de punch au cognac.

SIROP DE PUNCH AU RACK

Ce sirop se prépare comme celui du punch au kirsch, avec cette différence qu'on remplace le kirsch et l'esprit de noyaux par la même quantité de rack.

Les divers sirops de punch dont nous venons de donner les recettes ont l'avantage de se bonifier en vieillissant et de n'avoir pas besoin de brûler. Il suffit d'en prendre une partie et de la verser à deux parties d'eau bouillante pour former un punch délicieux.

SIROP DE THÉ.

La manière de préparer ce sirop est la même que celle pour le sirop de capillaire en remplaçant celui-ci par 300 grammes de thé impérial et 75 de thé pékao.

SIROP DE VINAIGRE.

Sucre blanc raffiné . . . . 50 kilogr.

Vinaigre rouge	13 litres.
Eau pure.	13 —

Concasser le sucre, ajouter l'eau et le vinaigre, remuer jusqu'à ce que le liquide ne puisse plus se saturer de sucre ; alors faire chauffer légèrement et remuer jusqu'à solution complète de ce dernier. Le sirop laissé en repos vingt-quatre heures, le mettre en bouteilles, et puis chauffer le léger dépôt qui s'est formé et le filtrer.

Lorsque l'on préparera ce sirop avec le vinaigre blanc, on pourra le colorer par le moyen indiqué pour le sirop de groseilles.

SIROP DE VINAIGRE FRAMBOISÉ.

Même préparation, observant de remplacer 6 litres de vinaigre par 6 litres d'infusion de framboises. Pour le colorer, agir comme ci-dessus.

AUTRE SIROP DE VINAIGRE FRAMBOISÉ.

Sucre raffiné blanc.	13 kilog.
Vinaigre framboisé.	3 litres
Conserve de merise.	1 litre
Eau	3 litres

Le sucre doit être fondu avec la conserve de merise et l'eau ; chauffer vivement jusqu'à bouillonnement ; enlever, laisser reposer un instant, écumer avant d'égoutter le vinaigre framboisé, remuer avec une spatule et lorsque le mélange sera bouillant passer à travers un blanchet ou filtrer.

SIROP DE VIOLETTES.

Sucre raffiné blanc	50 kilogr.
Feuilles ou pétales frais de fleurs cultivées de violettes simples et très-bleues.	5 kilogr.
Eau très-pure.	24 litres.

Placer les fleurs dans un vase de faïence, de porcelaine ou de terre vernissée ; verser par dessus de l'eau bouillante, seulement ce qu'il en faut pour bien les mouiller ; laisser en infusion à peine une minute, passer sur un linge bien blanc avec une légère expression, et jeter l'eau de cette première infusion, qui est de couleur fauve et de principes extractifs. Diviser les pétales dans un bain-marie expressément en étain, verser dessus les 24 litres d'eau chauffée seulement de 55 à

60 degrés, mélanger avec un bâton ou une patule, couvrir le vase et laisser infuser pendant dix à douze heures, puis passer l'infusion sur un linge mouillé très-blanc et sans odeur, exprimer, laisser déposer, décanter, remettre le liquide dans le bain-marie, ajouter le sucre bien concassé, faire fondre à une chaleur douce, en remuant de temps à autre et recouvrant chaque fois. Le sucre entièrement fondu, ôter le bain-marie et filtrer après le refroidissement complet.

On imite assez bien le sirop de violettes avec l'infusion de racine d'iris pour le parfum, et le tournesol ou la couleur bleue et la couleur rouge pour celle de ce sirop ; mais sa saveur, qui n'est pas précisément celle du sirop de violettes, et sa couleur, qui est rouge en présence de la lumière solaire ou de la flamme d'une bougie, dénotent l'imitation.

GLUCOSE.

Le glucose est un corps sucré, considéré comme tenant le premier rang parmi les sucres incristallisables : tous les fruits, le miel, lesucre brut, contiennent du glucose ; il en est de même d'un grand nombre de végétaux et produits de végétaux, particulièrement la fécule de pomme de terre, l'amidon, les graines céréales et autres, du moment qu'on leur fait subir une réaction d'acide ou qu'on les met en présence de la diastase, principes contenus dans l'orge germée et séchée, employés par les brasseurs sous le nom de malt ou orge maltée.

Sans parler des différentes formes sous lesquelles on rencontre le glucose, nous allons donner la manière de l'obtenir de la fécule et de l'amidon ; ce sont d'ailleurs les seuls glucoses employés dans la fabrication des liqueurs et celle des sirops.

GLUCOSE DE FÉCULE ET D'AMIDON

DIT SIROP DE FROMENT.

Nous pensons que le nom de sirop de froment a été donné indistinctement au glucose de fécule et à celui d'amidon, parce que leurs principes sont les mêmes, et qu'ils diffèrent des autres glucoses obtenus de ces mêmes substances par l'absence de toute amertume, circonstance due à leur mode de fabrication.

GLUCOSE DE FÉCULE

PAR L'ACIDE SULFURIQUE.

Fécule sèche et blutée	25 kilog
Eau	100 litres
Acide sulfurique à 66 degrés.	400 grammes.
Craie ou blanc d'Espagne, environ. .	800 —
Charbon de bois en poudre	1 kilog.
Blancs d'œufs.	3

Mettre le tiers de l'eau en ébullition : d'autre part, verser dans un vase en grès, en faïence ou en plomb, 3 litres d'eau froide, y ajouter l'acide sans précipitation ; dès que le mélange s'est fortement échauffé par le seul effet des réactions, le verser légèrement dans l'eau en ébullition, remuer, ajouter la fécule toute délayée dans le restant de l'eau, soit par petites parties ou d'une manière continue, de façon à ne pas interrompre l'ébullition ; plusieurs heures après l'introduction de la fécule et d'une ébullition soutenue, prendre une ou deux cuillerées du liquide, lui ajouter quelques gouttes de dissolution d'iode et, s'il se produit une coloration d'un rouge plus ou moins vineux, continuer l'ébullition jusqu'à ce qu'un nouvel essai par l'iode laisse le liquide saccharin incolore. Quand ce résultat est obtenu, sortir le sirop du feu, neutraliser son acide en ajoutant peu à peu la craie ou le blanc d'Espagne délayé dans de l'eau de manière à ce que la grande effervescence qui a lieu tout aussitôt ne fasse pas débordement. Toute effervescence ayant cessé, on peut considérer que l'acide est neutralisé ; pour en avoir la certitude, on en laisse refroidir une très-faible quantité dont on laisse tomber quelques gouttes sur un papier teint de tournesol, et si la couleur bleue de ce réactif devient d'un rose très-clair, on ajoute pour terminer l'opération un léger lait chaud ; cela fait, verser le sirop dans un vase en bois, l'y laisser douze heures, temps nécessaire pour qu'il puisse déposer ses sels calcaires (sulfate et carbonate de chaux), tirer ensuite le sirop à clair à l'aide d'un robinet, filtrer le dépôt sur une toile mouillée, réunir les deux sirops, les reporter sur le feu pour les concentrer jusqu'à 22 à 25 degrés, puis les clarifier aux œufs, ajouter ensuite le noir végétal, et, quinze minutes après qu'il est bien mélangé, filtrer le sirop à travers une chausse et le concentrer jusqu'à 40 degrés.

Pour l'exécution de la conversion de la fécule en glucose, plusieurs observations doivent être signalées tant pour la partie hygiénique que pour une bonne préparation.

Ainsi, l'opération ne doit jamais avoir lieu dans un vase en cuivre non étamé.

Elle peut l'être jusqu'à dix ou douze fois au plus dans ceux qui le sont.

Pour toute sécurité, on doit se servir d'une bassine doublée de plomb, ou dans un vaisseau en bois épais, doublé ou non en plomb, chauffé par la vapeur d'un tuyau barboteur en plomb ; le couvercle peut n'être qu'en bois.

Il est de toute nécessité d'étendre l'acide sulfurique dans cinq fois au moins son poids d'eau froide avant de le verser dans l'eau qui est en ébullition ; l'ajoutant à son état de 66 degrés de concentration, l'eau chaude rejaillirait instantanément au loin et pourrait tout à la fois blesser l'opérateur et perdre ses vêtements.

La fécule, une fois délayée dans l'eau froide,

doit être remuée sans cesse pour qu'elle ne puisse se précipiter et boucher le robinet alimentateur du vaisseau à saccharifier.

L'opération se faisant à feu nu, on doit maintenir le liquide toujours à peu près au même niveau.

Lors de la saturation de l'acide par le blanc d'Espagne ou *carbonate de chaux*, celui-ci doit être bien divisé dans de l'eau et versé avec la plus grande modération, l'effervescence produite par son addition étant des plus spontanées et des plus grandes ; on doit enfin agiter souvent le mélange pour activer sa saturation.

Le sirop de glucose sera d'autant plus blanc qu'il sera moins longtemps en contact avec l'acide et que l'on aura employé moins de chaux dans sa saturation.

GLUCOSE D'AMIDON
PAR L'ACIDE SULFURIQUE.

La manière de procéder est la même que pour le glucose de fécule, à l'exception qu'il faut employer jusqu'à un pour cent en plus d'acide sulfurique.

GLUCOSE DE FÉCULE ET GLUCOSE D'AMIDON

PAR LA DIASTASE.

Eau	100 litres.
Fécule sèche et blutée, 25 k., ou amidon	20 kilog.
Malt en poudre, 2 kil	2 — 50
Acide sulfurique à 66	100 grammes.
Noir végétal	100 —
Blancs d'œufs bien frais	3 —
Blanc d'Espagne, environ	200 grammes.

1° Jeter la fécule dans 50 litres d'eau et remuer fréquemment pour la tenir en suspension.

2° Mélanger le malt dans le restant de l'eau de manière à ne laisser exister aucun grumeau.

3° Verser ce dernier dans une chaudière en cuivre étamé ou non, d'une contenance de 200 litres environ, pour le faire chauffer lentement jusqu'à 45 à 50 degrés centigrades en remuant de temps en temps ; alors arroser le mélange de 2 à 3 litres de fécule délayée, et continuer ainsi par intervalle et toujours en remuant et dirigeant le feu de manière à maintenir l'opération à une chaleur constante de 60 à 70 degrés *maximum*.

4° Lorsque toute la fécule est introduite,

cesser toute agitation et sortir le feu ou n'en laisser que de manière à maintenir le mélange pendant trois heures à une température de 65 à 70°, verser ensuite dans un vase en bois, ajouter l'acide étendu dans quatre à cinq fois son poids d'eau froide, remuer vivement pendant quelques minutes, couvrir le vase le mieux possible, et laisser refroidir entièrement ou seulement jusqu'à 20 degrés.

5° Saturer l'acide avec le blanc d'Espagne de la manière indiquée précédemment, faire filtrer sur une toile ou une poche mouillée ; remettre sur le feu, pousser la cuisson jusqu'à 22 à 25 degrés, clarifier ensuite avec les blancs d'œufs et le noir végétal, et filtrer sur un drap ou une poche en laine.

6° Enfin, reporter le sirop sur le feu et le concentrer jusqu'à 40 degrés.

DES SIROPS GLUCOSÉS.

Les sirops glucosés sont des mélanges ou compositions de sucre avec de la fécule de pomme de terre ou d'amidon amenée à l'état de glucose par les moyens précités, auquel on a, avons-nous déjà dit, donné improprement le nom de sirop de froment, dans des proportions qui peuvent varier à l'infini.

On emploie le glucose dans les sirops, non pour leur donner de la qualité, ainsi qu'il en est pour les liqueurs, mais pour satisfaire aux exigences du commerce, qui veut toujours du bon et au meilleur marché possible. Pour établir des sirops possédant la même densité, et pouvant se vendre à des prix réduits, voici les doses de sucre et de glucose qu'il convient d'employer :

1re qualité :	Sirop de froment	1/4
—	Sucre	3/4
2e qualité :	Sirop de froment	2/3
	Sucre	1/3
Ordinaire :	Moitié sirop, moitié sucre	—

Et pour le sirop de gomme :

Sirop de froment	3/4
Sucre	1/4

Préparation. Ajouter le sirop au sucre ; clarifier comme il a été dit (171), et procéder ensuite de la manière expliquée pour chacun des sirops. Nous devons ajouter, pour la gouverne des fabricants, qu'en France, el comité d'hygiène publique, considérant tous les sirops comme étant des préparations médicamenteuses, une loi sortie le 27 mars 1851 exige que les sirops de glucose soient annoncés et vendus comme tels, et que ceux formés de glucose, de sucre et de substances hygiéniques quelconques, portent une dénomination spécifique pour les distinguer entre eux. Aussi beaucoup de liquoristes mentionnent-ils aujourd'hui sur leurs étiquettes et sur leurs factures les dénominations suivantes : *sirop de sucre et de glucose à la groseille et à la framboise, etc.*; *sirop de groseilles glucosé* ; et pour échapper à la loi : *sirop de fantaisie à l'orgeat, ou autre* ; ou bien encore : *liqueur de fantaisie* à la fleur d'oranger, etc., lorsqu'ils ajoutent au sirop 3 à 4 pour 100 d'alcool à 85 degrés.

Plusieurs moyens sont employés pour reconnaître la présence du glucose dans les sirops ; un des plus faciles est de se servir d'une petite fiole en verre blanc de forme ronde dans sa base, connue en chimie sous le nom de ballon, d'y ajouter 10 à 15 grammes du sirop soupçonné et autant d'une solution filtrée provenant de la solution de 50 centigrammes de potasse dans 45 grammes d'eau. Si le mélange contient du glucose, à l'ébullition il prendra une couleur brune, approchant de celle du café, et une odeur de caramel ; si au contraire, il n'en contient pas, il acquerra une belle couleur d'or. Mais, disons-le bien vite, si ce réactif est convenable pour reconnaître la présence du glucose dans les sirops de capillaire, de gomme, de guimauve, d'orgeat et de sucre, il est non-seulement impropre, mais il induirait en erreur, éprouvé sur des sirops de groseilles, de framboises, de mûres, ou de vinaigre, le sucre se convertissant en partie en glucose par la présence de l'acide ; et il en est de même pour les sirops de sucre pur en général qui ont bouilli trop fort ou trop longtemps, ceux aussi qui sont altérés par le temps ou par toute autre cause, puisque dans ces diverses circonstances ils contiennent tous du glucose.

SIROP DE GROSEILLES FRAMBOISÉ AU GLUCOSE.

Sucre raffiné blanc	13 kilog.
Sirop de fécule à 36 degrés	5 litres.
Conserve de groseilles.	4 litres.

Vin noir de la Loire	3 litres.
Vinaigre framboisé	50 centilitres
Acide tartrique	50 grammes.

On opère absolument comme pour le sirop ou sucre pur, en ayant soin de mettre le sirop de glucose sur le sucre.

SIROP D'ORGEAT GLUCOSÉ.

Sucre raffiné	13 kilog.
Sirop de fécule	5 litres.
Amandes douces	1 kilog.
Amandes amères	1 kilog.
Gomme adragante.	10 grammes.
Eau de fleurs d'oranger	16 centilitres.
Eau	7 litres.

OBSERVATIONS.— CONSERVATION DES SIROPS.

Tous les sirops sont plus ou moins susceptibles de s'altérer, en raison de leur constitution, de leur préparation plus ou moins bonne et des vicissitudes atmosphériques.

Ainsi, tous ceux fabriqués avec des sucs ou jus de fruits forment, après un temps assez court, un sédiment au fond des bouteilles, ou se coagulent et se prennent même en une seule masse ;

si, par une chaleur modérée, on leur rend leur liquidité et leur transparence première, on peut dire aussi qu'ils la reperdent bientôt.

Le sirop d'orgeat éprouve un autre genre d'altération, dû à la matière huileuse des amandes formant l'émulsion, qu'elle sépare et élève à la partie supérieure du sirop : voilà pourquoi, dans notre formule pour ce sirop, nous avons recommandé d'ajouter du sucre très-concassé, au fur et à mesure qu'on pile ou que l'on broie les amandes, le sucre étant un dissolvant des huiles; mais pour cela faut-il, pour obtenir ensuite le lait d'amandes, ajouter l'eau sans précipitation, et faut-il aussi former avec cette émulsion et la gomme adragante un mucilage de la manière que nous l'avons indiqué ; de même qu'il est urgent de ne pas faire bouillir le sirop d'orgeat, le mucilage étant susceptible de prendre de la consistance, d'envelopper l'émulsion et de l'élever en forme d'écume.

L'altération est encore due au degré de cuisson des sirops : pas assez cuits, ils conservent un excès d'eau qui devient un élément pour le faire fermenter ; trop cuits, et s'ils proviennent principalement de sucre sans addition de glucose, ils ont une tendance à se cristalliser ; l'équilibre qui doit exister est alors rompu, et une fermentation s'ensuit bientôt. On ne saurait donc trop se conformer aux prescriptions que nous avons données à cet égard.

Les sirops dans lesquels il entre des acides, tels que du vinaigre, de l'acide malique des fruits, de l'acide citrique ou autre, sont plus susceptibles d'entrer en fermentation par cette raison que les acides ont la propriété de convertir le sucre en glucose, et que celui-ci est très-fermentescible à 35 ou 36 degrés.

D'autres causes concourent encore à déterminer dans les sirops un mouvement lent et invisible, qui amène leur altération.

En effet, un sirop qu'on renferme dans des bouteilles, et que l'on bouche avant qu'il ne soit refroidi, ou si on le dépose dans des bouteilles encore humides, ou dans des lieux à une température un peu élevée, si encore on laisse ces vases en vidange ou y pénétrer l'air, la fermentation ne tarde pas à s'y déclarer et les sirops s'altèrent.

Les causes de l'altération des sirops étant reconnues, on peut éviter leurs effets par des soins convenables.

Ainsi, une bonne clarification du sucre est indispensable, tant pour la limpidité du sirop que pour l'élimination de toutes substances qui le pousseraient à la fermentation.

Le suc des fruits, tel que celui de groseilles, de framboises, de mûres, de citrons, ou de limons, ne doit être employé qu'après la séparation de leurs parties albumineuses et hétérogènes, par leur séjour, avons-nous dit, à la cave, ou dans un lieu d'une chaleur tempérée, pendant un ou plusieurs jours, selon leur disposition à s'élever en forme de chapeau au-dessus du liquide.

Les amandes dépouillées de leur enveloppe doivent être mises en pâte avec du sucre, puis broyées longtemps avec une légère quantité d'eau, et l'eau restante ne doit y être ajoutée que peu à peu, et il faut la remuer sans cesse pour obtenir l'émulsion.

La gomme adragante, de son côté, et dont on peut augmenter la dose, doit être broyée avec assez d'émulsion, ou de lait d'amandes, pour en former une pâte d'abord solide, puis une bouillie ni trop claire ni trop épaisse, qu'il faut broyer sous le pilon assez longtemps, pour obtenir la dissolution complète, point très-essentiel, son objet étant de pouvoir lier d'une manière plus intime tous les éléments constituant le sirop.

Lorsque les sirops sont aux trois quarts refroidis, on peut les mettre en bouteilles, mais il importe beaucoup de n'employer les bouteilles que lorsqu'elles sont parfaitement privées d'humidité, et de ne les boucher que lorsque les sirops sont complétement refroidis : voilà pour les sirops d'une vente et d'une consommation courantes.

Si les sirops sont destinés à des expéditions lointaines ou à être conservés longtemps, on doit, outre toutes les attentions que nous venons d'énoncer, avoir celle de leur faire subir le procédé d'Appert, consistant à élever leur température à 35 ou 40 degrés au plus, dans une chaudière garnie d'eau ou au bain-marie, pour les priver d'air et les boucher immédiatement ; puis, dix minutes après, éteindre le feu et laisser les bouteilles se refroidir dans la chaudière, s'il y a possibilité, opération très-facile et très-prompte, du reste, si on l'exécute aussitôt après la mise du sirop en bouteilles.

On doit conserver les sirops dans un endroit sec, à l'abri des rayons du soleil et à basse température.

Quand un sirop s'altère par la fermentation, il est souvent possible de le rétablir ; à cet effet, on mettra le sirop à l'état d'ébullition avec un ou plusieurs verres d'eau, on y projettera ensuite quelques parcelles de marbre en poudre, ou de la magnésie, et, le sirop parvenu à 32 degrés, on le sortira du feu, on l'écumera et on le mettra à filtrer. Si le sirop n'a qu'une très-légère altération, il suffira de le chauffer sans addition d'eau seulement jusqu'à 35 à 40 degrés, ainsi qu'il doit en être pour le sirop d'orgeat, et d'y projeter, en le remuant, du marbre ou de la magnésie en poudre, puis de filtrer.

CHAPITRE XV

DE L'ALCOOL.

Sous le nom d'alcool, la chimie moderne et le commerce désignent les eaux-de-vie et les esprits ; quelle que soit la substance qui le produise, ce n'est pas la nature qui nous le donne tout formé, elle se borne à en fournir les matériaux à l'art, qui dirige diverses opérations de manière à l'obtenir.

Que l'alcool provienne du vin, du cidre, de la betterave, des grains, de l'asphodèle, du topinambour, de la pomme de terre, des navets, des chiffons et autres, il est un et même ; seule la saveur le différencie, ce qui nous a fait dire ailleurs qu'il n'y a qu'un alcool. Le mot *alcool* est arabe, il signifie un corps très-subtil et très-divisé : ce liquide malgré les progrès de l'art, est encore, dans le commerce, désigné sous le nom d'eau-de-vie et d'esprit.

Sous la première dénomination sont compris les degrés aréométriques jusqu'à 22 de Cartier ou 59 à 60 centésimaux ; sous la deuxième, tous les degrés au-dessus de 60 centésimaux.

De même, le commerce donne au produit distillé du vin de cerise le nom de *kirsch* ou *kirschenwasser* ; à celui du vin de prunes, *karchewasser* ; à celui de vin de groseilles, *marasquin* ; à celui obtenu du riz, *rack* ou *arack* ; celui enfin du sirop de canne à sucre ou des mélasses reçoit le nom de *rhum* ou de *tafia*.

L'alcool est un liquide transparent, incolore, d'une odeur suave et pénétrante, d'une saveur chaude et brûlante ; il est de plus très-volatil lorsqu'il est d'un degré élevé ; on l'obtient de la fermentation et de la distillation des substances sucrées ou rendues telles par des moyens chimiques.

La pesanteur spécifique de l'alcool pur est pour 1 litre de 0,794 à la température de 15 degrés centigrades et de 100 à l'alcoomètre centésimal, au lieu de 1,000 qui est le poids normal de l'eau.

Quelle que soit la substance qui ait produit l'alcool, sa composition élémentaire est la même, avons-nous dit, à la température ci-dessus désignée de 15 degrés centigrades et de 100 de l'alcoomètre centésimal. Elle est :

SELON TH. DE SAUSSURE.		SELON J. GIRARDIN.	
51,98	de carbone.	52,67	de carbone.
34,32	d'oxygène.	34,43	d'oxygène.
13,70	d'hydrogène.	12,90	d'hydrogène.
100		100	

Il n'en est pas de même de sa qualité ; celle-ci est subordonnée non-seulement aux éléments constitutifs de la substance qui l'a produit, mais encore aux différents modes d'extraire leur principe sucré, ou de le créer, de les mettre en fermentation, de les distiller et des soins apportés dans les opérations.

On peut poser en principe que l'alcool provenant de la distillation du vin sera d'autant plus doux et plus suave, qu'il proviendra d'un vin limpide, généreux, franc de goût et sans saveur d'acidité.

La qualité de l'alcool sera encore d'autant meilleure que le vin soumis à la distillation sera vieux et exempt de toute altération ; de tous les vins, les blancs sont ceux qui produisent les qualités supérieures.

De même pour les alcools d'industrie, celui de sucre, de riz, de fécule et d'amidon produisent des alcools supérieurs en qualité à ceux provenant des pommes de terre, des betteraves et autres. S'ils sont un peu moins bons que celui de vin, on peut prédire que par les perfectionnements apportés chaque jour à leur préparation, ils le surpasseront en qualité à une époque que nous croyons très-prochaine ; privés alors entièrement de toute odeur et de toute saveur étrangères (résultat qu'il faut obtenir), ils conviendront indistinctement mieux pour le vinage des vins, la préparation de certaines liqueurs et principalement de celles des eaux-de-vie fines, du kirsch et d'autres par imitation. Par suite, le nombre de distilleries agricoles augmentant, les cultivateurs trouveront dans les résidus provenant des diverses opérations de ces établissements, davantage de nourriture profitable à leurs bestiaux et plus d'engrais pour leurs terres, et par suite une plus grande abondance de récoltes.

De leur côté, les classes peu aisées trouveront des vins à des prix plus doux, puisque la distillation du vin venant à cesser, il y aura surabondance de vin.

PROPRIÉTÉS DE L'ALCOOL.

L'alcool, comme la plupart des corps qui en dérivent, est un poison pour l'homme qui en fait un trop fréquent usage et pour les animaux, surtout s'il est concentré ; même l'état d'eau-de-vie, il cause une ivresse différente et bien plus dangereuse que celle du vin. Les buveurs d'eau-de-vie et de liqueurs fortes contenant une notable proportion d'alcool parviennent rarement à un âge avancé sans éprouver les atteintes de cette *folie tremblante* que les médecins nomment *delirium tremens*. Souvent il arrive que l'intelligence tout entière s'anéantit, et que l'individu succombe après un temps plus ou moins long d'abrutissement complet.

L'alcool a aussi la propriété de précipiter l'albumine animale, de dissoudre l'extractif colorant, les huiles volatiles, le camphre, les corps résineux. A l'état pur, il brûle avec une flamme blanche, laquelle tire sur le bleu, du moment qu'il contient même une parcelle d'eau, et il noircit un peu les corps blancs que l'on expose au-dessus de la flamme.

L'alcool sert non-seulement aux distillateurs liquoristes, mais aux vignerons pour le vinage des vins, aux pharmaciens, aux parfumeurs, aux fabricants de vernis. C'est un dissolvant particulier d'un grand intérêt dans les arts chimiques. Il accélère la cristallisation du tartre dans les tonneaux remplis de vin ; celle des sels neutres en agissant comme alcool libre et en s'emparant de leur eau surabondante. Il dissout la potasse caustique, et sépare le sucre des corps qui le contiennent. Il est, enfin, employé dans une foule d'arts industriels dont le nombre serait long à énumérer ; notons qu'il sert encore à préserver de la fermentation et de la putréfaction les substances végétales et animales ; on s'en sert à cet usage pour conserver des fruits, des légumes, et presque tous les objets de préparation que fournissent les animaux. C'est encore ainsi qu'on s'est servi de l'alcool, dans les cabinets d'histoire naturelle, pour conserver les substances animales jusqu'au moment où la chimie a découvert des moyens encore plus conservateurs.

DÉTERMINATION

De la force alcoolique des liquides spiritueux.

Divers moyens sont usités pour reconnaître le degré de force des spiritueux ; ainsi on reconnaît la légèreté de l'eau-de-vie par plusieurs signes : par le nombre de bulles qu'elle montre lorsqu'on l'a agitée dans une bouteille ou dans un verre et le temps que ces bulles subsistent sans se dissiper ; c'est ce que l'on nomme *chapelet* de l'eau-de-vie. A cet état, elle comporte de 45 à 49 degrés centésimaux; on verse aussi une goutte d'huile dans l'eau-de-vie et selon le degré de spirituosité de l'eau-de-vie elle descend plus ou moins dans le liquide. Il est encore d'autres moyens analogues à ceux-ci, mais étant tous aussi imparfaits, nous trouvons bon de ne pas les mentionner.

De tous les moyens proposés pour reconnaître le titre alcoolique d'un liquide, celui qui est le seul rationnel consiste à calculer les degrés de légèreté comparativement à l'eau distillée; on y parvient en un instant, en employant deux instruments, l'un appelé thermomètre, l'autre aréomètre.

THERMOMÈTRES.

Les thermomètres sont des instruments de physique qui servent à mesurer les degrés de température de l'atmosphère et des différentes substances avec lesquelles on les met en contact. Ces instruments sont des tubes gradués, fermés hermétiquement et lestés à la partie inférieure d'une quantité déterminée de mercure ou d'alcool coloré en rouge. La construction des thermomètres est fondée sur la propriété dont jouissent tous les corps, d'augmenter de volume par la chaleur, et de diminuer au contraire, par le froid.

Disons que le mercure se fixant plus vite dans un liquide qu'à l'air, il est plus convenable de donner la préférence aux thermomètres à mercure qu'à ceux à l'alcool pour apprécier le titre de tout spiritueux.

Les thermomètres en usage en France sont : celui de Réaumur et le thermomètre centigrade de *Gay-Lussac*. La division centigrade de ce dernier marque 0 dans l'eau à la glace et 100 étant en ébullition à vaisseau découvert. C'est le seul qui soit officiel [1].

[1] En Angleterre, le thermomètre employé le plus fréquemment est celui de Fahrenheit. Il marque 32 degrés au point de congélation, et 9 degrés de Fahrenheit sont l'équilent de 5 degrés centigrades, de manière que lorsqu'on veut convertir les degrés de Fahrenheit en degrés centésimaux, il faut commencer par en ôter 32 et ensuite multiplier par $\frac{5}{9}$. Voici la formule : x les degrés centigrades cherchés, F les degrés Fahrenheit connus :

$$x = (F - 32)\frac{5}{9}.$$

Application. Combien de degrés centésimaux valent 212 degrés Fahrenheit.

Lorsqu'on veut se servir de cet instrument, il suffit de le laisser pendant quelques instants en contact direct, soit avec l'air, soit dans le liquide dont on désire connaître la température. Le thermomètre ne tarde pas à se mettre en équilibre avec le corps à mesurer, et le point où le mercure s'arrête dans le tube, ou l'objet dans lequel le liquide est déposé, donne pour température cherchée le degré de l'échelle auquel il correspond.

$$x = (212 - 32)\tfrac{5}{9}.$$
$$x = 180 \times \tfrac{5}{9}.$$
$$x = 100.$$

Or, en effet, 212 degrés Fahrenheit sont exactement l'équivalent de 100 degrés centigrades de Gay-Lussac, c'est-à-dire la force d'ébullition.

Pour convertir les degrés centésimaux en degrés Fahrenheit, on renverse la formule :

$x =$ les degrés Fahrenheit cherchés.
C $=$ les degrés centigrades connus.

$$x - 32 = \tfrac{9}{5}\,C.$$

Combien de degrés Fahrenheit font 30 degrés centigrades

$$x - 32 = \tfrac{9}{5} \times 30.$$
$$x - 32 = 54.$$
$$x = 86.$$

Donc 30° C $=$ 86 F.

30 degrés centigrades font donc exactement 86 degrés Fahrenheit.

TABLEAU

DE

Concordance des thermomètres centigrades et de Réaumur.

RAPPORT DES Degrés du thermomètre centigrade en degrés de Réaumur.				RAPPORT DES Degrés du thermomètre de Réaumur en degrés centésimaux.			
Centésimaux.	Réaumur.	Centésimaux.	Réaumur.	Réaumur.	Centigrades.	Réaumur.	Centigrades.
1	0 8	16	12 8	1	1 25	16	20 00
2	1 6	17	13 6	2	2 50	17	21 25
3	2 4	18	14 4	3	3 75	18	22 50
4	3 2	19	15 2	4	5 00	19	23 75
5	4 0	20	16 0	5	6 25	20	25 00
6	4 8	21	16 8	6	7 50	21	26 25
7	5 6	22	17 6	7	8 75	22	27 50
8	6 4	23	18 4	8	10 00	23	28 75
9	7 2	24	19 2	9	11 25	24	30 00
10	8 0	25	20 0	10	12 50	25	31 25
11	8 8	26	20 8	11	13 75	26	32 50
12	9 6	27	21 6	12	15 00	27	33 75
13	10 4	28	22 4	13	16 25	28	35 00
14	11 2	29	23 2	14	17 50	29	36 25
15	12 0	30	24 0	15	18 75	30	37 50

ARÉOMÈTRES.

Les aréomètres sont des tubes en verre soufflé et lestés de mercure à leur partie inférieure ; leur construction est basée sur ce principe de physique qu'un corps flottant sur un liquide déplace un volume dont le poids est égal au sien propre, ce qui revient à dire, en appliquant ce principe à l'alcoomètre, que celui-ci s'enfoncera d'autant plus dans les liquides, qu'ils seront légers, et d'autant moins qu'ils seront plus denses.

Il y a deux principaux genres d'aréomètres : l'un qui sert pour les liquides plus lourds que l'eau pure, comme les acides, les sels, les sirops et autres semblables ; on lui donne le nom spécial de *pèse-acide*, *pèse-sels*, et ainsi suivant la substance pour laquelle il a été établi ; et l'autre qui est employé pour connaître la densité des liquides plus légers que l'eau, comme les vins, les alcools, etc., est connu sous le nom de *pèse-vin*, *pèse-liqueur*, etc. L'alcool étant l'objet qui nous occupe, disons de suite que le commerce ne connaît que deux pèse-liqueurs, celui de Cartier et celui de Gay-Lussac. Bien que ce dernier soit le seul adopté par le gouvernement, sous la dénomination d'alcoomètre centésimal, nous allons néanmoins présenter le tableau de la correspondance de leurs degrés.

TABLEAU

DES

Correspondances des degrés de l'alcoomètre centésimal avec ceux du pèse-liqueur de Cartier.

CENTÉSIM.		CARTIER.	CENTÉSIM.		CARTIER.	CENTÉSIM.		CARTIER.
0	—	10 »	34	—	15 3/8	68	—	25 3/8
1	—	10 1/4	35	—	15 5/8	69	—	25 3/4
2	—	10 3/8	36	—	15 3/4	70	—	26 1/4
3	—	10 5/8	37	—	16 »	71	—	26 5/8
4	—	10 3/4	38	—	16 1/8	72	—	27 »
5	—	10 7/8	39	—	16 3/8	73	—	27 1/2
6	—	11 1/8	40	—	16 5/8	74	—	27 7/8
7	—	11 1/4	41	—	16 7/8	75	—	28 3/8
8	—	11 1/2	42	—	17 1/8	76	—	28 7/8
9	—	11 5/8	43	—	17 3/8	77	—	29 1/4
10	—	11 3/4	44	—	17 5/8	78	—	29 3/4
11	—	11 7/8	45	—	17 7/8	79	—	30 1/4
12	—	12 1/8	46	—	18 1/8	80	—	30 3/4
13	—	12 1/4	47	—	18 3/8	81	—	31 1/4
14	—	12 3/8	48	—	18 5/8	82	—	31 3/4
15	—	12 1/2	49	—	18 7/8	83	—	32 1/4
16	—	12 5/8	50	—	19 1/4	84	—	32 3/4
17	—	12 3/4	51	—	19 1/2	85	—	33 1/4
18	—	12 7/8	52	—	19 3/4	86	—	33 7/8
19	—	13 »	53	—	20 1/8	87	—	34 3/8
20	—	13 1/4	54	—	20 3/8	88	—	35 »
21	—	13 3/8	55	—	20 3/4	89	—	35 5/8
22	—	13 1/2	56	—	21 »	90	—	36 1/8
23	—	13 5/8	57	—	21 3/8	91	—	36 7/8
24	—	13 3/4	58	—	21 3/4	92	—	37 1/2
25	—	13 7/8	59	—	22 »	93	—	38 1/4
26	—	14 1/8	60	—	22 3/8	94	—	38 7/8
27	—	14 1/4	61	—	22 3/4	95	—	39 5/8
28	—	14 3/8	62	—	23 1/8	96	—	40 1/2
29	—	14 1/2	63	—	23 1/2	97	—	41 1/4
30	—	14 5/8	64	—	23 7/8	98	—	42 1/4
31	—	14 7/8	65	—	24 1/4	99	—	43 1/8
32	—	15 »	66	—	24 5/8	100	—	44 1/8
33	—	15 3/4	67	—	25 »			

ALCOOMÈTRE DE GAY-LUSSAC.

Cet instrument, imaginé en 1824 par Gay-Lussac, plongé dans un liquide spiritueux à la température de 15 degrés centigrades, fait immédiatement connaître la force, c'est-à-dire la valeur réelle qui s'y trouve contenue ; son échelle est divisée en 100 parties ou degrés, dont chacun représente un centième d'alcool anhydre, c'est-à-dire totalement privé d'eau. La division 0 correspond à l'eau pure, et la division 100 à l'alcool pur dit absolu ou anhydre.

Plongé, au contraire, dans un liquide ayant des divisions de température au-dessous ou au-dessus de 15 degrés centigrades, il n'indique qu'un titre apparent.

Dans ces deux circonstances opposées, il y a diminution de volume dans la première par l'effet du froid, qui occasionne au liquide d'épreuve une contraction ou resserrement de ses molécules ; dans la seconde, il y a, par l'effet de la chaleur du liquide, au contraire, dilatation, par conséquent augmentation du volume ; ce qui nous amène à dire pour les deux circonstances qu'un fût d'une contenance reconnue, possède en réalité davantage d'alcool l'hiver et moins l'été.

Dans le premier cas, celui, voulons-nous dire, où l'alcoomètre indique le degré réel lorsque la température est de 15 degrés centigrades, on trouve la quantité réelle d'alcool pur contenu dans un liquide, en multipliant le volume de ce liquide par le degré indiqué par l'alcoomètre.

Ainsi, prenant pour exemple un fût contenant 300 litres et l'alcoomètre marquant 85 ou 0,85 à 15 degrés centigrades de température, on multiplie 300 par 0,85, ce qui donne pour produit 255. Ce fût contient 255 litres d'alcool.

Dans le second cas, celui où le titre n'est qu'apparent, c'est aussi le calcul qui sert de moyen pour opérer la correction du degré et celui du volume. On peut faire ce calcul en prenant pour base que pour les alcools de 40 à 55 degrés centésimaux, il faut multiplier par 42 ;

Pour celles 55 à 65 degrés par 40
— 65 à 75 — 37
A plus fort degré — 35

Rendons ce raisonnement plus sensible par un exemple :

Un alcool marque 45 degrés centésimaux, et le thermomètre centigrade indique 10.

En multipliant ces 10 divisions par 42, ce qui donne 4,20, on reconnaît que 4 degrés 20 ou une fraction sont à diminuer si les divisions de température sont au-dessus du tempéré, et à augmenter, au contraire, si elles se trouvent au-dessous, ce calcul étant *et vice versa* pour les deux cas de température opposés.

On trouve la preuve de ce raisonnement en multipliant chacun à part le nombre de litres et les degrés de surforce ou de réfraction par le prix.

Ainsi, 152 lit. multipliés par 70 fr. produisent	106 fr.	40
4 degrés 20 de surforce à 70 fr.	2	94
Ensemble. . .	109 fr.	34

Pour contre-épreuve :

156 lit. 20, contenance réelle, à 70	109	34

Voilà pour les degrés de surforce.

Si pour les degrés de réfraction nous suivons le même système de calcul, nous arriverons également à la correction du volume et du degré.

152 litres à 70 fr. viennent de nous produire	106 fr. 40
Déduisons la réfraction des 4 degrés	2 94
	103 fr. 46
De même, 147 litres 50 à 70 fr. contenance réelle, déduction faite des 4 degrés 20 aussi à 70 fr. donnent	103 fr. 46

Nous pensons que ces indications sont suffisantes pour obtenir aisément les différentes corrections de force et de volume qui peuvent conduire à connaître la force réelle et le volume d'un liquide alcoolique ramené à 15 degrés de température, ou sa richesse. On peut d'ailleurs se baser sur le tableau suivant.

Une observation à faire qui nous a échappé jusqu'ici, c'est que le signe indicateur du degré alcoolique indiqué par l'alcoomètre est celui où le liquide finit, et non le sommet de la courbe que la capillarité détermine contre les parois de la tige, et que l'on peut appeler à juste titre agrippage.

CORRECTION

des indications alcoométriques, quand la température est au-dessus ou au-dessous de 15 degrés centigrades.

Pour tout liquide spiritueux, étant au-dessous de 15 degrés centigrades, on doit augmenter le titre ainsi qu'il suit pour, ceux de 40 à 60 degrés alcooliques :

D'un	1/2 degré	celui	marquant	13
1	—	—	—	12
1 1/2	—	—	—	11
2	—	—	—	10
2 1/2	—	—	—	9
3	—	—	—	8
3 1/2	—	—	—	7
4	—	—	—	6
4 1/2	—	—	—	5
5	—	—	—	4
5 1/4	—	—	—	3
5 3/4	—	—	—	2
6	—	—	—	1
6 1/2	—	—	—	0

Mais pour les spiritueux de 60 à 90, le thermomètre centigrade marquant 13, soit 2 divisions de froid, on ajoute seulement 1/4 de degré :

Marquant	soit	divisions	de froid
12	3		1/2
11	4	—	— 1 »
10	5	—	— 1 »
9	6	—	— 1 1/2
8	7	—	— 2 »
7	8	—	— 2 »
6	9	—	— 2 1/2
5	10	—	— 3 »
4	11	—	— 3 1/2
3	12	—	— 4 »
2	13	—	— 4 1/2
1	14	—	— 5 »
0	»	—	— 5 1/2

2	4 1/2
1	5 »
0	5 1/2

Lorsque la température est au-dessus de 15 degrés centigrades, on opère d'une manière inverse, c'est-à-dire qu'au lieu d'augmenter le degré, on le diminue au contraire en suivant les mêmes proportions indiquées ci-dessus.

CHAPITRE XVI

DU COUPAGE OU MOUILLAGE DES ALCOOLS.

Par *coupage* des alcools, on entend la réduction des esprits, soit de vin, de betterave, de fécule, ou autre, soit encore des eaux-de-vie à 58 ou plus, telle que celles de Cognac, Montpellier et autres, au degré voulu par le commerce en gros et le détaillant, celui encore demandé par les consommateurs ou nécessité par le prix de vente.

Ces degrés varient de 40 à 45 pour le petit commerce, tandis qu'ils sont de 50 à 58, même 60 pour le commerce en gros.

RÉDUCTION DES DEGRÉS PAR L'EAU.

Pour opérer la réduction d'une quantité déterminée quelconque d'alcool à un degré inférieur, on multiplie le nombre de litres par les degrés de l'alcool, et on divise ensuite le produit par le titre recherché.

Ainsi, pour réduire 450 litres d'alcool à 85 degrés et en faire du 58, on multiplie 450 par 85 ; le produit étant de 38,250, on le divise par 58 degrés à obtenir, et on obtient pour quotient ou résultat : 659 litres 48 décilitres.

La réduction opérée donnera donc 659 litres 48 centilitres d'alcool à 58 ; en déduisant le chiffre de l'alcool 450, on trouve que l'eau à employer pour le mouillage sera de 209 litres 48 centilitres.

Autre exemple.

Veut-on faire le mouillage pour une quantité déterminée, de quoi, par exemple, emplir un fût vide d'eau-de-vie à 58 degrés ?

On commence par s'assurer de la contenance du fût, on multiplie cette contenance par 58, et on divise le produit par le degré de l'alcool.

Ainsi, multipliant une contenance de 450 litres par le degré à obtenir 58, on obtient 26,100, qui, divisé par le titre de l'alcool 85, donne pour quotient 307 litres 5 centilitres.

D'où il suit qu'il faut employer pour une réduction de 450 litres à 58 degrés :

Alcool à 85.	307 litres,	5 cent.
Eau.	142 —	95 —
	450 litres,	00

D'où il suit encore qu'un fût qui contiendra 450 litres d'alcool à 85, si on retire 143 litres et qu'on les remplace par une même quantité d'eau, on aura une réduction portant 58 degrés.

RÉDUCTION

D'une eau-de-vie d'un degré trop élevé par une autre d'un degré plus faible.

Se propose-t-on de réduire un degré plus élevé par un autre d'un degré plus faible pour l'amener à un degré désiré ou intermédiaire ?

On multiplie la contenance du fût, ou de la quantité restée en vidange par la différence entre le degré inférieur et le degré à obtenir, puis on divise le produit par la différence du degré inférieur à celui existant.

Pour exemple, on a un fût de 360 litres à 50 degrés que l'on veut réduire à 45, au moyen d'un mouillage d'eau-de-vie à 35.

La différencede 35 à 45 étant 10, on multiplie 360 par 10, on obtient 3,600, qui, divisés par 15, différence du degré inférieur à celui existant, donne pour quotient 240.

L'emploi sera donc pour une capacité ou volume de 360 litres à 45 degrés :

Eau-de-vie à 50.	240 litres.
Eau-de-vie à 35.	120 —
	360 litres.

AUGMENTATION DU DEGRÉ.

Pour remonter le degré d'une eau-de-vie ou d'un alcool :

On multiplie la quantité à remonter en degrés par la différence entre le degré existant et celui à obtenir, et l'on divise ensuite le produit par la différence entre le degré à obtenir et celui de l'esprit à verser.

Exemple : Veut-on remonter 500 litres à 50

degrés et les porter à 58 au moyen de l'alcool à 85 ?

On multiplie les 500 litres par la différence du degré de 50 à 58, qui est 8, et on obtient 4,000, qui, divisés par la différence du degré à obtenir à celui de l'alcool à ajouter, qui est de 27, donnent 148,14 ; d'où il suit qu'il faudra 148 litres 14 centilitres d'alcool à 85 degrés pour remonter 500 litres d'eau-de-vie à 50.

Autre exemple.

S'agit-il de remonter à 58 degrés un fût plein d'eau-de-vie n'ayant que 50, avec de l'alcool 85 ?

Il faut opérer comme ci-dessus, c'est-à-dire que si le fût contient 500 litres, on multiplie 50 par la différence du degré existant et celui à obtenir, qui est 8, on obtiendra 4,000 ; lesquels divisés par 27 provenant de la différence du degré à obtenir et celui de l'alcool à verser pour remonter le degré, donneront 148,14 ; d'où il résulte qu'il faut ôter du fût 148 litres 14 centilitres d'eau-de-vie et les remplacer par une même quantité d'alcool à 85 degrés.

AUGMENTATION

Du degré d'eau-de-vie trop faible par une autre d'un de degré plus élevé.

Quand il s'agit d'augmenter le degré d'une eau-de-vie par une autre. d'un degré plus élevé, ou, différemment, de disposer une quantité quelconque d'eau-de-vie à un degré déterminé avec des eaux-de-vie d'un titre ou degré différent, pour connaître la quantité à employer de l'une et de l'autre :

Il faut multiplier le chiffre du volume qu'on se propose d'obtenir par la différence du degré qui existe de l'une à l'autre eau-de-vie, et l'on divise le produit par la différence entre le degré le plus élevé et le plus faible ; le quotient sera la quantité à prendre de l'eau-de-vie la plus élevée en degrés.

Ainsi, pour disposer 1,250 litres d'eau-de-vie à 58 degrés avec de l'eau-de-vie à 50 et de l'alcool à 85,

On multiplie les 1,250 par la différence de degré de 50 à 58, qui est 8 ; on obtiendra 10,000, qui, divisés par 35, différence de degré de l'eau-de-vie et de l'alcool à employer, donneront 285,71, c'est-à-dire 285 litres 71 centilitres d'alcool à employer.

Pour connaître ensuite la quantité d'eau-de-vie faible ou à 50 degrés à prendre, on déduit du chiffre ou de la quantité principale 1,250 litres, celui de l'alcool à employer, 285 litres 70 centilitres.

La quantité d'eau-de-vie à employer sera celle de 964 litres 30 centilitres.

Observation. — Sans la contraction qu'éprouvent les spiritueux dans leur combinaison entre eux, et surtout l'eau et l'alcool, les règles que nous venons de présenter pour les mouillages donneraient des résultats parfaitement exacts ; c'est pourquoi on fera bien, le mouillage terminé, d'en reconnaître la force réelle pour constater ou rectifier la différence qui peut quelquefois s'élever de 1 1/2 à 2 1/2 pour 100, suivant la nature des eaux-de-vie, tandis qu'il est de 3 1/2 à 4 1/2 pour 100 dans le mouillage direct de l'alcool.

CHAPITRE XVII

DES EAUX-DE-VIE.

Si l'on se rappelle ce que nous avons dit au sujet des alcools : qu'ils diffèrent tous de qualité en raison de la constitution des substances qui les ont produits, comme aussi des procédés employés pour extraire de celles-ci leur partie sucrée, ou pour en créer une, comme encore des moyens d'établir leur fermentation, et de procéder aux distillations, on concevra quelle serait la diversité de qualité des eaux-de-vie provenant de leur mouillage si, par une deuxième distillation, dite rectification, de ces eaux-de-vie, et l'aide de substances chimiques, on n'était pas arrivé à les rendre à peu près identiques. Nous disons *à peu près*, parce que, si bien rectifié que soit un alcool, un palais tant soit peu exercé peut juger, lorsque l'alcool est mouillé, seulement par moitié avec de l'eau un peu chaude, s'il provient de betteraves, de mélasses, de pommes de terre ou de grains : d'où il découle cette conséquence que quand il s'agit de convertir de l'alcool en eau-de-vie, on doit choisir celui qui est entièrement neutre de goût ; car ce n'est que dans ce cas qu'il est convenable à tous les emplois, c'est-à-dire à être converti en bonne eau-de-vie ordinaire, fine, surfine et imitation des divers cognacs.

Lorsqu'un alcool n'est pas neutre de goût, c'est qu'il n'est pas dépouillé entièrement de sa saveur empyreumatique, et des huiles essentielles qui ont résisté à la rectification, lesquelles se développent encore dans le mouillage, autant par la puissance dissolvante de l'eau que par leur affinité ; aussi, quand on remarque que, pour détruire ce goût empyreumatique, il faut avoir recours à des ingrédients chimiques très-puissants et à la rectification de l'alcool au degré le plus élevé possible, on demeure convaincu qu'on ne peut accorder aucune confiance à toutes ces préparations annoncées au son de la trompette des journaux, sous des noms plus ou moins pompeux, comme enlevant instantanément le mauvais goût des eaux-de-vie provenant du dédoublage des alcools de toutes provenances, et leur communiquant à la fois le goût et le bouquet des meilleurs cognacs.

Pour nous, ce tour de force de la science est impossible. On pourra trouver le moyen de priver les eaux-de-vie de toutes provenances de l'odeur et de la saveur qui les caractérisent chacune en particulier, mais nous défions l'homme le plus savant de leur procurer instantanément les principes et le bouquet du cognac.

Ne suffit-il pas, d'ailleurs, pour être persuadé du peu de valeur de ces préparations si merveilleuses, de réfléchir que si elles ont la faculté d'enlever ou de neutraliser les mauvais goûts, elles doivent par le même motif avoir la propriété de détruire ou de neutraliser les parfums qui font partie de leur composition?

Ce raisonnement trouve sa justification dans le souvenir de ce que nous avons déjà dit : que chaque substance susceptible de la fermentation alcoolique produit une eau-de-vie dont la saveur et l'odeur sont *sui generis* pour chacune d'elles, c'est-à-dire propre à chacune des matières différentes qui l'a produite. En parlant donc des eaux-de-vie, si telle préparation a l'éminente propriété de neutraliser ce qui est un désagrément dans les unes, elle doit également neutraliser ce qui fait le charme dans les autres, d'où il suit qu'un liquide composé de plusieurs principes, les uns pour détruire ou neutraliser les mauvais goûts, les autres pour en procurer de bons, demeurent plus tard sans effet, les principes des uns paralysant les principes des autres par leur contact. C'est ce qui arrive, car il est de ces préparations si vantées qui, lorsqu'on les ajoute à l'eau-de-vie, lui font à peine éprouver une faible amélioration : encore cette amélioration est-elle souvent passagère.

Pour nous, nous n'accorderons notre confiance qu'à l'emploi de plusieurs substances employées simultanément, les unes pour enlever le mauvais goût, soit par précipitation ou par suite de réaction, les autres pour procurer ensuite le cachet qui caractérise une bonne eau-de-vie.

Revenons maintenant aux alcools d'industrie, destinés à la confection des eaux-de-vie, ceux-ci devant un jour, que nous croyons très-prochain, suppléer entièrement et avec avantage aux alcools de vin par l'effet de la neutralisation complète de la saveur qui appartient à chacun d'eux, neutralisation qui les rend, avons-nous dit, plus convenables à la fabrication des liqueurs, à la confection des eaux-de-vie et principalement à celles faites par imitation, comme encore aux usages de la parfumerie, etc., etc.

Le mouillage de l'alcool neutre de goût produisant une eau-de-vie sans saveur aucune, cela a donné lieu à des moyens de préparations plus ou moins efficaces pour en rapprocher la qualité de celle des eaux-de-vie de vin.

Après le tableau suivant du mouillage ou de la réduction des alcools, nous donnerons quelques formules de préparations pour exemple.

TABLEAU DE MOUILLAGE

Indiquant la quantité d'eau à employer pour la réduction d'un hectolitre d'alcools de degrés différents aux divers degrés des eaux-de-vie.

DEGRÉS A RÉDUIRE		DEGRÉS A OBTENIR		QUANTITÉ D'EAU à AJOUTER.	
Centésimaux.	De Cartier.	Centésimaux.	De Cartier.		
94	38 7/8	50	19 1/4	88 lit.	»
		49	18 7/8	92	»
		48	18 5/8	95	84
		47	18 3/8	100	»
		46	18 1/8	104	35
		45	17 7/8	108	90
		44	17 5/8	113	64
93	38 1/4	50	19 1/4	86	»
		49	18 7/8	89	80
		48	18 5/8	93	75
		47	18 3/8	97	88
		46	18 1/8	102	18
		45	17 7/8	106	70
		44	17 5/8	111	38
92	37 1/2	50	19 1/4	84	»
		49	18 7/8	87	76
		48	18 5/8	91	68
		47	18 3/8	95	75
		46	18 1/8	100	»
		45	17 7/8	104	45
		44	17 5/8	109	10
91	36 7/8	50	19 1/4	82	»
		49	18 7/8	85	73
		47	18 5/8	89	60
		49	18 3/8	93	62
		46	18 1/8	98	»
		45	17 7/8	102	24
		44	17 5/8	107	»
90	36 1/8	50	19 1/4	80	»
		49	18 7/8	83	80
		48	18 5/8	87	50
		47	18 3/8	91	50
		46	18 1/8	95	66
		45	17 7/8	100	»
		44	17 5/8	104	55

Dans notre tableau, la première colonne est formée du seul chiffre indiquant les degrés centésimaux du spiritueux à réduire ; la deuxième colonne est la représentation de ces mêmes degrés en degrés de Cartier.

La troisième colonne, commençant par 50 degrés, représentant dans la quatrième colonne 19 degrés 1/4 de Cartier, et allant toujours en diminuant d'unité, forme la série des degrés auxquels les eaux-de-vie sont vendues dans le commerce et pour la consommation.

La cinquième colonne, enfin, indique le nombre de litres d'eau qu'il faut ajouter aux 100 litres d'esprit ou d'alcool dont le degré est indiqué dans la 1re colonne, pour avoir un degré marqué dans la troisième.

Rien, comme on le voit, n'est plus simple et plus facile à comprendre que ce tableau.

En effet, veut-on réduire 100 litres d'alcool à 94 degrés pour en faire du 50? On cherche dans la colonne intitulée : degrés à réduire, le nombre 94 ; on suit jusqu'à la troisième colonne le nombre 50 à réduire, et le nombre qui correspond à ce chiffre dans la cinquième colonne qui le suit indique que la quantité d'eau à ajouter est de 88 litres.

EXEMPLE :

Alcool à 94 degrés	100 litres.
Eau pour le mouillage	88 —
Ensemble. . . .	188 litres.
Qui, multipliés par le degré à obtenir, qui est de.	50
Produisent. . .	940

Soit 94 litres alcool pur, représentant les 100 litres alcool à 94 degrés employés pour le mouillage.

AUTRE EXEMPLE :

Alcool à 90 degrés	100 lit.
Eau nécessaire pour réduire l'alcool à 48 degrés	87 — 50
	187 lit. 50
Multipliés par . .	48
Donnent.	9000 00

Soit 90 litres alcool pur, représentant les 100 litres alcool à 50 degrés employés dans le mouillage.

CHAPITRE XVIII

—

OPÉRATIONS D'EAUX-DE-VIE A TOUS LES TITRES AVEC LES ALCOOLS D'INDUSTRIE.

La qualité de l'eau étant pour beaucoup dans celle des eaux-de-vie, on ne doit pas seulement choisir celle de rivière ou de pluie filtrée comme étant les plus convenables au mouillage de l'alcool, mais on doit encore, et principalement lorsqu'il s'agit de préparer des eaux-de-vie fines, chercher à les rendre meilleures encore ; on y parvient en faisant bouillir l'eau (bien que filtrée) pendant environ une heure au gros bouillon ; par le refroidissement, l'eau laisse déposer les matières hétérogènes qu'elle pouvait contenir et s'éclaircit d'elle-même ; dans un cas pressé, on peut la mettre à filtrer.

Quant aux proportions d'eau à employer pour réduire le degré de l'alcool suivant le plus ou le moins d'élévation de son titre à celui à procurer à des eaux-de-vie de différents degrés, on conçoit que les ayant mentionnées dans le tableau de mouillage qui précède, il est inutile de répéter les mêmes formules autant de fois qu'il existe de différences de degrés dans les eaux-de-vie livrées à la consommation.

Nous nous contenterons donc de rappeler qu'après tout mouillage d'alcool, il y a diminution de volume ou de quantité, c'est-à-dire que, mélangeant 100 litres d'alcool avec 100 litres d'eau, au lieu d'avoir 200 litres pour résultat, on n'en a, après l'opération, que 196 à 196 litres 1/2, suivant la nature de l'eau. Aussi cette différence d'environ 4 pour 100, attribuée à une légère évaporation de l'alcool pendant l'action du mélange de l'eau, et particulièrement à la contraction qu'éprouvent tous les spiritueux par la division de leurs molécules, met-elle dans l'obligation, avant de façonner un mouillage en eaux-de-vie de qualité quelconque, de se rendre compte de la qualité et du degré réels du mouillage pour ne pas commettre d'erreurs préjudiciables.

EAU-DE-VIE COMMUNE.

A 100 litres de réduction ou mouillage d'alcool au degré désiré, ajouter : 500 grammes bonne mélasse de sucre de canne et de 1 à 2 centilitres d'alcali volatil pour détruire la dureté ou le mordant du mélange, puis finir la coloration avec de bon caramel.

EAU-DE-VIE ORDINAIRE.

Sur 100 litres de réduction d'alcool au degré voulu, ajouter l'infusion de 60 grammes de thé, 60 grammes de feuilles sèches de tilleul ou de capillaire, 500 grammes mélasse de sucre de canne, 2 à 3 litres de rhum, alcali volatil, comme il est dit ci-dessus, et compléter la nuance par du caramel.

DEUXIÈME EXEMPLE.

Pour chaque 100 litres de mouillage comme

ci-dessus, ajouter l'infusion faite pendant 30 minutes dans deux litres d'eau bouillante de :

euilles sèches de capillaires	60 grammes.
— de tilleul	60 —
— de fleurs de sureau de l'année..	50 —

Puis après :

Mélasse de sucre de canne	1 kilogr.
Rhum.	4 litres.
Alcali volatil, de 1 à	2 centilitres

Et bien battre le tout. Vingt-quatre heures après, cette eau-de-vie est non-seulement bonne, mais vieille tout à la fois.

TROISIÈME EXEMPLE :

Ajouter aux substances ci-dessus :

Rhubarbe en poudre.	10 grammes.
Graine de coriandre concassée . . .	50 —
Colorigène	quantité suffisante

EAUX-DE-VIE FINES.

L'expérience ayant démontré que l'eau ordinaire donne une eau-de-vie dure, mordante et sans moelleux, nous recommandons de n'employer au coupage de l'alcool destiné à disposer des eaux-de-vie fines, même celles ordinaires.

celle rendue plus douce et davantage dissolvante, soit par notre procédé, son ébullition, soit celle qui a été distillée, soit encore celle déjà connue, provenant du ciel, ou de la pluie, filtrée ou parfaitement limpide et alcoolisée quelques mois à l'avance, ou bien encore de l'eau provenant après son alcoolisation, comme ci-dessus, de son séjour plus ou moins prolongé sur des copeaux ou de la sciure de bois de chêne.

Ces deux dernières prennent dans le commerce le nom de petites eaux ; leur bonne préparation sera donnée plus loin.

Pour 100 litres d'eau-de-vie à préparer provenant d'un mouillage d'alcool, ajouter :

Capillaire.	125	grammes.
Thé suisse	125	—
Réglisse noir, véritable calabre, de 50 à	100	—
Amandes douces	125	—
Sirop de raisin	1	litre.
Ou sirop de froment	1	kilogram.
Rhum, de 4 à	5	litres.

Bien concasser les amandes sans les monder de leur enveloppe, et les mettre à infuser avec le capillaire dans plusieurs litres d'eau bouillante prise sur la quantité à employer pour le mouillage de l'alcool, infuser le thé également, mais à part, et fondre le réglisse. Après le refroidissement général, passer et exprimer chacune des infusions ; ajouter la dissolution du réglisse, puis le sirop de raisin, verser sur tout cet ensemble environ autant d'alcool, et filtrer ; enfin verser sur le produit filtré le restant de l'alcool et de l'eau à employer, mêlés préalablement ensemble, et mettre en couleur avec du caramel de raisin, comme étant préférable à celui du sucre.

Ces mélanges procurent de suite une eau-de-vie rassise, très-agréable et très-moelleuse.

Observation. — Après la filtration énoncée ci-dessus, on peut, pour éviter toute perte, verser une partie ou même le restant de l'eau sur le filtre, réunir alors celle-ci à l'alcool, puis le produit spiritueux aromatique précédemment filtré.

DEUXIÈME EXEMPLE

A 100 litres de mouillage, comme dessus, ajouter :

Capillaire du Canada	250	grammes.
Cachou en poudre	10	—
Macis concassé (fleur de muscade). .	5	—
Iris en poudre suivant qualité, de 1 à	5	—
Sirop de raisin, de 2 à	3	kilog.
Ou sirop de froment	2	—
Rhum	3	litres.
Kirsch	1	—
Ou essence de noyau, de 3 à.	5	gouttes.

1° Faire infuser ensemble pendant quinze jours, dans 2 à 3 litres d'alcool et en remuant de temps à autre, le cachou, le macis et l'iris.

2° Donner un commencement d'ébullition au capillaire, dans une quantité d'eau suffisante également prise sur celle qui est à employer.

3° Dissoudre le sirop de raisin dans l'eau restante, et, pour terminer l'opération, ajouter à celle-ci le restant de l'alcool, le rhum, le kirsch ou l'essence de noyau, puis les différentes infusions, et finir la coloration par du caramel de raisin.

TROISIÈME EXEMPLE.

Pour 100 litres provenant également d'alcool réduit, employer les mêmes substances et en même quantité que ci-dessus, moins le capillaire, qu'il faut remplacer par des fleurs sèches de tilleul mondées de leurs feuilles, 100 grammes; graines de coriandre et réglisse noir vrai calabre, de chaque 50 grammes.

Procéder ensuite, ainsi qu'il a déjà été expliqué.

OPÉRATION

par l'éther de fine champagne de MM. Lebeuf et Cᵉ, d'Argenteuil (Seine-et-Oise), lauréats à l'exposition de St-Dizier.

Pour 100 litres :

Alcool bon goût, betterave ou anglais à 90 degrés	58 litres.
Eau froide.	41 litres.
Rhum	1 flacon.
Éther de fine champagne.	1 —
Sucre candi	500 gram.

Faire dissoudre le sucre candi dans un peu d'eau chaude, mêler d'autre part l'alcool, le rhum, l'éther de fine champagne et le restant de l'eau, réunir le tout, brasser et mettre en fût.

Comme on vient de le voir, voilà un terrible antagoniste pour nous. Mais quel est l'intérêt d'un individu auprès de l'intérêt général, surtout quand il n'a pour toute ambition que le désir de contribuer par tous ses moyens au bien-être de tous ? C'est ainsi que, retenu par un sentiment de délicatesse, nous nous abstiendrons de faire connaître notre préférence sur ces produits ; seulement ce que nous pouvons affirmer, c'est qu'étant composés l'un et l'autre d'éléments différents, ils procurent une variante de bonne qualité, que, si nous les recommandons, ce n'est pas comme moyens de falsification, mais simplement comme procurant aux eaux-de-vie une amélioration des plus sensibles.

EAUX-DE-VIE SURFINES.

Le choix de l'eau contribuant beaucoup, avons-nous dit ailleurs, à produire de bons coupages, c'est principalement ici le cas de s'en souvenir pour obtenir les meilleures eaux-de-vie ; aussi conseillons-nous de n'employer pour celles dont il est question que des petites eaux, comme présentant l'avantage d'occasionner moins de pertes dans le mouillage et de produire tout à la fois, lorsqu'elles ont 8 à 10 mois d'âge, du moelleux, du bouquet et de la vieillesse aux eaux-de-vie.

A 100 litres de réduction ou coupage d'alcool fait à l'aide des petites eaux, ajouter :

Teinture de cachou, quantité suffisante pour procurer une très-légère nuance.

Rhum	3 litres.
Bonne eau-de-vie de marc, vieille . . .	1 —
Suc de réglisse noir, vrai calabre	125 grammes.
Sirop blond de raisin.	2 litres.
Sirop de froment.	500 grammes.
Élixir Dubief, dit élixir bonificateur des eaux-de-vie, quantité suffisante pour ne pas outrepasser la saveur, ce qui deviendrait un défaut.	

Diviser le suc de réglisse et le couvrir d'eau d'un bon travers de doigt, le remuer lorsqu'il est suffisamment pénétré, et à plusieurs reprises jusqu'à ce qu'il soit bien fondu, étendre ensuite sa dissolution dans 10 litres ou plus du coupage, y joindre le sirop, bien mêler et filtrer ; puis faire le mélange général, observant de verser l'élixir en dernier et de compléter ensuite la nuance avec du colorigène ou du caramel de raisin.

DEUXIÈME FORMULE.

Verser sur 100 litres de coupage comme

ci-dessus toujours neutralisé de son acide libre par de l'alcali volatil, ainsi que nous l'avons déjà conseillé :

Teinture de cachou, quantité indiquée dans la première formule.	
Rhum.	4 litres.
Kirsch.	1 —
Ou essence de noyau, de 3 à.	5 gouttes.
Infusion d'iris, quantité suffisante pour ne pas dominer.	
Sirop blanc de raisin.	2 lit. 1/2.
A défaut, sirop de froment.	600 grammes.
Ou sucre candi couleur paille, de 625 à	700 —
Élixir bonificateur des eaux-de-vie . .	comme ci-des.
Colorigène	quant. suffisante

Opérer suivant l'art.

TROISIÈME FORMULE.

A 100 litres de coupage, préparés comme ci-dessus, ajouter :

Rhum	4 litres.
Kirsch vieux	1 litre.
Ou essence de noyau, de 3 à.	5 gouttes.
Bonne eau-de-vie de marc	1 litre.
Zestes mondés de 3 oranges douces. .	
Iris de Florence râpé.	3 gramme.
Vanille du Mexique.	1 —

Thé perlé.	30 grammes.
Fleurs sèches de tilleul mondées . . .	30 —
Sirop de raisin, de 2 1/2 à	3 litres.
Ou sucre candi, de 800 grammes, et mieux sirop de froment	600 grammes.
Élixir Dubief	1 flacon.

Mettre infuser, pendant quinze jours, les zestes d'oranges, l'iris et la vanille dans les 4 litres de rhum ; d'autre part, faire infuser séparément, pendant une heure, le thé et le tilleul.

Alors chauffer légèrement le sirop de raisin, le verser sur les 100 litres de coupage en remuant, ajouter le kirsch et l'eau-de-vie de marc, puis les différentes infusions, et, après le mélange général, l'élixir bonificateur de la manière précédemment indiquée, et terminer la couleur par le colorigène.

Nous ne craignons pas d'affirmer que les formules qui précèdent procurent des eaux-de-vie dignes d'être appréciées, non pas précisément le jour de leur préparation, mais un mois ou deux après. Pour rivaliser de qualité avec les eaux-de-vie des provenances de Cognac, il suffit de leur ajouter un quart ou mieux un tiers d'eau-de-vie soit d'Aigrefeuille, de Surgères ou autre, rassise d'un an. Nous avons pratiqué ce moyen en grand, et toujours nos eaux-de-vie, après quelques mois de fabrication, ont été acceptées comme des cognacs de bonne qualité.

IMITATION DES EAUX-DE-VIE.

En communiquant les formules qui vont suivre, nous n'avons pas l'intention de procurer des moyens de falsification ; notre but est seulement de donner la facilité d'établir des eaux-de-vie d'un grand mérite et d'une qualité presque égale à celles de beaucoup de cognacs, sans cependant en avoir les véritables caractères, et à un prix bien moindre, ce qui les rend à la portée de toutes les classes de la société, et particulièrement à celle si intéressante des ouvriers, notre principale intention.

IMITATION DES EAUX-DE-VIE D'ARMAGNAC.

Ajouter à 100 litres d'eau-de-vie rassise, provenant de la première formule qui précède (251) :

Infusion de brou de noix, vieille	1 litre
— de coques d'amandes amères. .	2 —

Élixir Dubief.	1 flacon.
Eau-de-vie d'Armagnac d'une à deux années, de 40 à	50 litres.
Crème de tartre.	2 gram.
Acide boracique	1 —

Ces deux dernières substances dissoutes préalablement dans environ 1 litre d'eau bouillante

IMITATION DES EAUX-DU-VIE DE SAINTONGE

A 100 litres d'eau-de-vie rassise, provenant de la deuxième formule qui précède (251), ajouter :

Infusion vieille de brou de noix, suivant qualité, de 2 à	3 litres.
Bonne eau-de-vie de marc	1 —
Eau-de-vie de Saintonge d'une à deux années, de 40 à.	50 litres.
Élixir bonificateur des eaux-de-vie environ.	1 flacon.

IMITATION DES EAUX-DE-VIE DE COGNAC.

Sur 100 litres d'eau-de-vie rassise, provenant de la troisième formule qui précède (252), verser :

Rhum vieux.	1 litre.
Infusion vieille de brou de noix, de 1 litre 1/2 à.	2 —
Infusion de coques d'amandes amères.	2 —

Teinture de cachou, assez pour ne pa brunir l'eau-de-vie.

Fine champagne rassise, de . . . . 40 à 50 litres.

AUTRE IMITATION.

Supprimer à l'opération ci-dessus 30 litres l'eau-de-vie fine champagne, et les remplacer par 15 litres armagnac et 15 litres d'eau-de-vie aintonge, l'une et l'autres rassises, et ajouter le restant des substances formant cette même préparation.

On parvient encore à disposer des eaux-de-vie façon cognac d'un grand mérite en employant des alcools parfaitement nets de goût, réduits ou coupés avec de petites eaux ou, à défaut, d'eau de pluie, et en observant les proportions suivantes :

Alcool réduit. . . . . 100 litres.

Sirop blond de raisin . . . . 3 —

A défaut, sirop de froment . . . . . . 600 grammes.

Ou sucre candi, de 500 à. . . . . 750 —

Teinture de cachou, comme à l'opération précédente.

Thés noir et vert infusés une heure. 100 grammes.

Élixir Dubief, comme aux eaux-de-vie surfines.

Eau-de-vie de Surgères rassise. . . . 150 litres.

Ou pareille quantité formée de :

Surgères.	60 litres.
Saintonge.	60 —
Fine champagne.	30 —

Afin d'obtenir un bon résultat, nous recommandons de n'employer que des eaux-de-vie rassises ; en faisant usage des nouvelles on devra augmenter la dose de l'élixir, et ajouter 1 centilitre à 1 centilitre 1/2 d'alcali volatil.

Inutile de rappeler que, pour pouvoir apprécier une eau-de-vie ainsi préparée, il faut attendre pendant quelques mois les effets de la combinaison des éléments qui la constituent.

Remarque. Les substances employées dans nos formules d'imitations sont tellement bien composées et proportionnées que les eaux-de-vie qui proviennent de leur réunion possèdent en quelque sorte, au bout de plusieurs mois, tous les caractères de qualité et de vieillesse de celles dont elles sont l'imitation.

EAU-DE-VIE VIEILLE DE COGNAC

avec des eaux-de-vie plus jeunes et de pays différents.

Afin d'inspirer de la confiance dans l'opération qui va suivre, nous dirons de suite qu'il en est pour les eaux-de-vie ce qu'il en est pour les vins, c'est-à-dire qu'en réunissant des eaux-de-vie de divers crus, dans des proportions convenables, on procure à l'ensemble des qualités supérieures à celles que chacune possédait avant leur mélange. C'est précisément ce que l'on obtient par le mélange suivant :

Eau-de-vie d'Aigrefeuille.	65 litres.
— de Surgères	70 —
— de fine champagne .	20 —
— de Saintonge.	65 —
Sucre candi, couleur paille, fondu et filtré	1 kil. 125 gr.
Ou sirop de froment	500 grammes.
Élixir Dubief, 1 à	1 flacon 1/2 au plus
Alcali volatil, quantité suffisante.	

L'eau-de-vie résultant de cette opération est d'une qualité telle, qu'au bout seulement de quelques mois, les plus fins connaisseurs ne peuvent la distinguer de celles des meilleures provenances de Cognac, rassises de quatre à cinq ans ; aussi apportons-nous une grande importance à cette préparation et la considérons-nous comme étant le *nec plus ultra* de toutes les ocmbinaisons et méritant l'attention toute spéciale des négociants.

PRÉPARATION DES PETITES EAUX POUR LES COUPAGES

On recueille une certaine quantité d'eau de pluie, on la met à filtrer ou on la laisse déposer jusqu'à ce que, par le repos, elle soit d'une limpidité parfaite ; on la tire alors à clair et on la met dans des pipes ou des tonneaux ayant déjà contenu de l'eau-de-vie, et on y ajoute 10 à 12 pour 100 d'alcool extra-fin de goût à 85 ou 90 degrés, ou bien 15 à 18 litres d'eau-de-vie de 58 à 60 ; on attend ensuite leur fusion pendant au moins six mois ; plus l'attente est prolongée, plus le composé acquiert de moelleux et la saveur de vieillesse ; c'est même à un point qu'il est certains négociants dans l'Angoumois, la Saintonge et l'Aunis qui considèrent la valeur vénale de ces petites eaux, vieilles de trois à quatre ans, presque égale à celle des cognacs nouveaux.

Un autre moyen de préparer des petites eaux

procurant à la fois aux eaux-de-vie du moelleux, de la vieillesse et du parfum, est celui-ci :

On prend 8 à 10 kilogrammes de copeaux de bois de *chêne blanc* provenant de la fabrication des futailles à eau-de-vie de Cognac, pour chaque 100 litres d'eau alcoolisée dans les proportions indiquées ci-dessus, dont on fait préalablement dégorger les principes extractifs en les mettant tremper pendant 24 heures dans de l'eau commune, rejetant celle-ci ensuite et la renouvelant une deuxième fois, puis tous les 4 jours, jusqu'à ce qu'elle en sorte sans aucune nuance de coloration ; alors on réunit l'eau alcoolisée et les copeaux dans les tonneaux que l'on tient pleins et bien bouchés. Cette eau, attendue ensuite le temps convenable, donne aux eaux-de-vie, non-seulement du moelleux, mais encore un excellent bouquet, connu sous le nom de *rancio*, bouquet tant recherché par les consommateurs.

Puisque nous parlons de rancio, communiquons un moyen qui est nôtre, pour le procurer aux eaux-de-vie d'une manière tout exceptionnelle.

Prendre des coques d'amandes douces dans une proportion un peu moindre que celle que nous venons d'indiquer pour les copeaux de bois de chêne, et les mettre dans un fût avec l'eau alcoolisée, sans autre préparation que leur criblage dans un tamis ; cette préparation devient d'autant plus précieuse qu'elle est plus longtemps attendue. Aussi doit-on, avant d'en faire usage, étudier la quantité à pouvoir en employer, et si on fractionne cette quantité avec de petites eaux provenant de l'opération aux copeaux de chêne, c'est alors que l'on arrive à la perfection pour procurer aux eaux-de-vie la véritable saveur de rancio tant recherchée.

—

Nous résumons cet ouvrage par les recommandations suivantes :

POUR LES LIQUEURS.

N'employer pour leur bonne confection qu'en premier choix, l'alcool, l'eau et généralement toutes les substances nécessaires à leur préparation, et ne s'écarter aucunement des principes que nous avons émis comme essentiels à une bonne fabrication. Avoir soin de fondre le sucre à chaud, l'ébullition du sucre procurant aux eaux-de-vie davantage de velouté.

POUR LES EAUX-DE-VIE.

Ajouter à toutes celles qui sont nouvelles de 1 à 2 centilitres d'alcali volatil par hectolitre, et les coller en leur ajoutant, par chaque 100 litres, de 15 à 25 grammes de sel de nitre et 1 litre de lait bouillant, ou par la poudre filtrante de Lebeuf et Ce ; au contraire, ne pas faire subir cette opération à toutes celles où l'on aurait fait usage de notre élixir, à moins qu'il y ait urgence, et dans une pareille circonstance, augmenter la dose de l'élixir d'au moins un sixième de celle déjà employée.

Pour les eaux-de-vie provenant de coupage d'alcool, les laisser se combiner pendant 15 à 20 jours (plus serait encore mieux) ; les soutirer et les coller, alors même qu'elles se seraient éclaircies d'elles-mêmes, cette clarification unissant davantage les principes constituants et procurant à l'eau-de-vie une limpidité irréprochable, qui ne permet plus de dépôt, même dans les bouteilles.

Comme principe colorant, donner la préférence au colorigène Delahaut, ou au caramel de raisin.

POUR LES ALCOOLS.

Afin d'avoir toute certitude de réussite pour obtenir une eau-de-vie de qualité, faire le choix de l'alcool qui, mélangé par moitié avec de l'eau chaude, ne laissera que de l'agrément à l'odorat, comme au goûter ; et ajouter 1 à 2 centilitres d'alcali volatil par hectolitre, tant pour neutraliser son acide libre que celui résultant de la distillation, d'un vin ou d'une fermentation en souffrance, l'alcali ne pouvant d'ailleurs que l'améliorer.

Ne faire le coupage de l'alcool qu'avec des petites eaux, et à défaut avec celles provenant des gouttières ou de rivières, disposées ainsi que nous l'avons indiqué, et jamais avec de l'eau de puits ou toute autre qui, comme celle-ci, contiendrait des substances calcaires.

Enfin, pour que les eaux-de-vie en général ne fassent pas de dépot après leur clarification, n'employer pour les colorer que de très-bon caramel étendu préalablement dans 5 à 6 fois son volume d'eau-de-vie et filtrer ;

Ne pas négliger de clarifier les eaux-de-vie, de les soutirer et de les recoller de nouveau au besoin, avant de les couvrir de 1/3 d'eau-de-vie de la Charente et de notre élixir pour les façonner en cognac ;

Nous recommandons d'ajouter également un flacon de notre élixir chaque fois que l'on voudra procurer à une eau-de-vie la vieillesse, le savoureux et le parfum recherchés des bonnes eaux-de-vie, et d'ajouter, pour plus de perfectionnement encore, 3 litres de rhum, 1 litre de kirsch et 1 litre 1/2 à 2 litres de chacune des infusions de brou de noix et de coques d'amandes amères torréfiées, le tout par chaque hectolitre

APPENDICE.

Liste des principaux marchés des Eaux-de-Vie et Esprits divers.

PARIS.

Bourse tous les jours, les dimanches et fêtes exceptés ; le résultat des affaires traitées à Bercy et à l'Entrepôt sert à établir les cours commerciaux, souvent plus vrais que les cours officiels.

BOUCHES-DU-RHONE.

Marseille. — Bourse tous les jours, le dimanche excepté.

CHARENTE.

Angoulême (*bois*). Foire le 15 de chaque mois.

Barbezieux (1er *bois*). — Marché le mardi de chaque semaine et foire importante le premier mardi de chaque mois.

Cognac (*centre des borderies et des grandes champagnes*). — Marché le mercredi et le samedi de chaque semaine ; ceux du samedi sont les plus importants, tous les spéculateurs des deux Charentes préférant ce jour pour y venir faire des ventes ou des achats. C'est dans cette ville que sont cotées les eaux-de-vie. Foire le deuxième samedi de chaque mois.

Chateauneuf (*petite champagne*). Marché le 16 de chaque mois.

Hiersac (1er *bois*). — Foire le 12 de chaque mois.

Jarnac (1er *bois*). — Foires très-suivies le 5 de chaque mois. Le commerce y est à peu près aussi considérable qu'à Cognac.

Rouillac (2e *bois*). — Foires très-suivies le 27 de chaque mois. Il s'y fait beaucoup d'affaires.

Segonzac (*centre de la fine champagne*). — Foire le premier dimanche de chaque mois.

CHARENTE-INFÉRIEURE.

Archiac (*petite champagne*). — Foire le premier jeudi de chaque mois.

Jonzac (1er *bois*). — Foire le deuxième vendredi de chaque mois.

La Rochelle. — Bourse tous les jours, le dimanche excepté. Marché les mercredis et samedis de chaque semaine ; ces marchés sont très-suivis.

Matha (1er *bois*). — Foire le 2 de chaque mois.

Pons (1er *bois*). — Foires le premier samedi de chaque mois. Elles sont assez suivies.

Saintes (1er *bois*). Marché le premier lundi de

chaque mois (mai excepté). — Foires le 29 avril et le 27 juillet.

Saint-Jean-d'Angély (2e *bois*). — Foire très-importante le troisième samedi de chaque mois.

Surgères. — Marché tous les mardis.

Aigrefeuille. — Cinq foires dans l'année : le premier mardi de janvier, de mars, d'août, de novembre et le premier lundi de septembre.

GERS.

Goudons. — Marché assez important pour les eaux-de-vie d'Armagnac, chaque samedi.

Éauze. — Chaque samedi, marché bien moins important.

LOT-ET-GARONNE.

Marmande. — Marché tous les lundis. Foires le 25 mars et le 25 septembre.

DEUX-SÈVRES.

Niort. — Foires le 6 février, le 7 mai, octave de la Fête-Dieu, le 6 octobre et le 30 novembre.

GIRONDE.

Bordeaux. — Cours officiel et commercial établis chaque jour, le dimanche excepté, par les courtiers jurés, pour les 3/6 et les eaux-de-vie.

GARD.

Nimes. — Marché officiel le mercredi de chaque semaine.

HÉRAULT.

Béziers. — Le vendredi de chaque semaine, très-important pour les productions du pays. C'est Béziers qui est le marché régulateur du département pour les 3/6 Montpellier, les 5/6 Montpellier et les 3/6 de mars. On y cote même le 3/6 de betteraves.

Cette. — Le mercredi de chaque semaine, marché très-suivi, il s'y traite ainsi qu'à la bourse, de très-importantes affaires, principalement pour l'exportation.

Pézénas. — Marché très-suivi le samedi de chaque semaine. On vient y consacrer les cours précédemment établis sur les autres marchés de ce département.

NORD.

Douai. — Cours chaque jour, établi d'après celui de Lille.

Lille. — Cours officiel chaque jour non férié, pour les 3/6 de betteraves, de mélasse, de grains. Le choix de la provenance est toujours laissé au vendeur. Cours commercial tous les jours sans exception. C'est Lille qui est le marché régulateur pour toute la région du Nord.

VALENCIENNES. — Cours chaque jour, conforme à celui de Lille.

PAS-DE-CALAIS.

ARRAS. — Bourse chaque jour. Mais les cours sont établis sur la cote de Lille.

DROITS SUR LES SPIRITUEUX

POUR PARIS ET POUR LA BANLIEUE.

DEGRÉS DES SPIRITUEUX.		DROITS PAR HECTOLITRES.			
Centigrade.	Cartier.	Paris.	Banlieue.	Consomm.	Total des deux droits.
100	44	137.50	23.50	91	114.50
90	36 1/4	123.66	21.15	81	102.15
85	33 1/4	116.79	19.98	70.50	96.48
70	26 1/4	96.18	16.45	63	79.45
60	22 1/4	82.43	14.10	54	68.10
58	21 3/4	79.70	13.63	52.50	65.83
50	19 1/4	68.70	11.75	45	56.75
49	19	67.33	11.52	44.10	55.62
45	18	61.83	10.58	40.50	51.08
41	17	56.34	9.64	36.90	46.54
37	16	50.84	8.60	33.30	42.
33	15 1/4	45.35	7.76	27.70	37.46

(Ne sont pas compris dams ce tarif *le* ou *les* décimes d'apès la législation en vigueur.)

Le droit s'établit, sur les eaux-de-vie et esprits en bouteilles, d'après la masse du liquide, et sans avoir égard au volume d'alcool pur qu'ils contiennent.

Il en est de même pour les liqueurs et les fruits à l'eau-de-vie, c'est-à-dire que les liqueurs et les fruits à l'eau-de-vie payent le même droit que l'alcool.

Les bouteilles sont comptées pour un litre, les demi-bouteilles pour un demi-litre.

TARIF DES COMMISSIONNAIRES

ARRÊTÉ

Par la Commission du commerce des Eaux-de-vie.

Commission de vente.

Sur le prix brut des alcools	2 0/0
Sur le produit brut des autres spiritueux au-dessous de 100 fr. l'hectolitre	3 0/0
Sur le produit brut des liqueurs	4 0/0
Transit par hectolitre.	» 65
Sur les bouteilles, de 1/2 0/0 à	3 0/0

Une demi-commission de vente est due en cas de vente ou de retrait des boissons par le commettant, si elles ont été consignées avec ordre de vendre.

Courtage.

Tout courtage simple est présenté sur la commission.

Tout courtage supérieur est à la charge de la marchandise.

Ducroire ou Commission de garantie de vente.

1 1/2 p. 0/0. Ce droit est dû sur le prix brut de toutes ventes, même sur celles stipulées au comptant, à moins que le paiement n'ait lieu à la livraison.

Assurance contre l'incendie.

1fr.50. pour 1000 litres sur les spiritueux jusqu'à 72 degrés.
2fr.50 pour 1000 sur les 3/6 esprit.

Le commerce n'est point assureur ; en cas de sinistre, il fait délégation pure et simple au commettant, jusqu'à concurrence de son droit sur les assureurs.

TABLE DES MATIÈRES

CHAPITRE IV

CHAPITRE V

CHAPITRE VI

CHAPITRE VII

CHAPITRE VIII

CHAPITRE IX

CHAPITRE X

CHAPITRE XI

CHAPITRE XII

CHAPITRE XIII

CHAPITRE XIV

CHAPITRE XV

16.

CHAPITRE XVI

CHAPITRE XVII

CHAPITRE XVIII

APPENDICE

FIN.

ENSEIGNEMENT PROFESSIONNEL

BIBLIOTHÈQUE

DES

PROFESSIONS

INDUSTRIELLES, COMMERCIALES et AGRICOLES

PARIS

J. HETZEL ET Cie, ÉDITEURS

18, RUE JACOB, 18

CATALOGUE D.-P.

Bibliothèque des Professions industrielles, commerciales et agricoles

Le premier mérite des volumes qui composent cette ENCYCLOPÉDIE c'est d'être accessibles par la forme, par le fond et par le prix, aux personnes qui ont le plus souvent besoin d'indications pratiques sur la profession dont elles font l'apprentissage, ou dans laquelle elles veulent devenir plus intelligemment habiles.

A ces personnes, dont le nombre est très grand, il faut des *guides pratiques exacts*, d'un format commode, d'un prix modéré, rédigés avec clarté et méthode, comme est clair et méthodique l'enseignement direct du professeur à l'élève ou celui du maître à l'apprenti. Telle a été la pensée qui a présidé à la publication de la *Bibliothèque des professions industrielles, commerciales et agricoles*.

Elle se compose de *onze séries*, qui se subdivisent comme suit :

A. **Sciences exactes.** — B. **Sciences d'observation.** — C. **Art de l'Ingénieur.** — D. **Mines et Métallurgie.** — E. **Professions commerciales.** — F. **Professions militaires et maritimes.** — G. **Arts et métiers, Professions industrielles.** — H. **Agriculture, Jardinage,** etc. — I. **Economie domestique, Comptabilité, Législation, Mélanges.** — J. **Fonctions politiques et administratives, Emplois de l'Etat, Départementaux et Communaux, Services publics.** — K. **Beaux-arts, Décoration, Arts graphiques.**

Les volumes de cette collection sont publiés dans le format grand in-18, la plupart d'entre eux sont illustrés de gravures qui viennent mieux faire comprendre le texte ; des atlas renferment les dessins qui exigent d'être représentés à grandes échelles et avec plus de détails.

L'ENVOI est fait franco pour toute demande dépassant 15 francs et accompagnée de son montant en billets de banque, timbres-poste, mandats-poste, chèques ou mandats à vue sur Paris, coupons de valeur (déduction faite de l'impôt de 3 0/0).

Le prix du port est de 30 centimes pour les volumes de 3 francs et au-dessous ; 40 centimes pour les volumes de 4 francs ; 50 centimes pour les volumes de 5 et 6 francs ; — 60 centimes pour les volumes au-dessus de ce prix.

NOTA. — **Les ouvrages marqués d'un ✳ ont été choisis par le ministère de l'Instruction publique pour faire partie des catalogues des bibliothèques publiques scolaires. Le deuxième** ✳, plus petit, désigne les ouvrages choisis pour être distribués en prix.

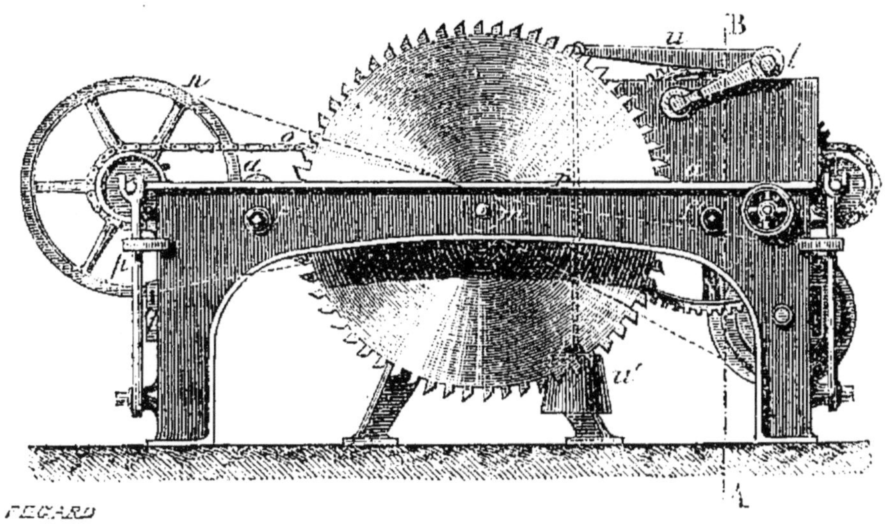

Figure spécimen du *Guide pratique de l'ouvrier mécanicien*. (Voir page 41.)

BIBLIOTHÈQUE
DES
PROFESSIONS INDUSTRIELLES
COMMERCIALES ET AGRICOLES

Parmi les bibliothèques spéciales, techniques plutôt, qui tiennent ou commencent à tenir une si grande place dans la librairie contemporaine, il faut citer au premier rang la *Bibliothèque des Professions industrielles, commerciales et agricoles*, mise en vente par la librairie Hetzel, et qui comprend déjà 121 ouvrages formant 128 volumes. Le champ est vaste de toutes les connaissances exigées, ou qui devraient l'être, par ceux, — et le nombre en est de plus en plus considérable, — qui se destinent à l'industrie, au commerce ou à l'agriculture. Autrefois, il n'y a pas longtemps encore, la seule science à peu près reconnue était la routine. En tout, partout, dans les grandes comme dans les petites exploitations, on tenait à ne pas s'éloigner des habitudes et des traditions transmises. Cela faisait, en quelque sorte, partie de l'héritage.

Depuis quelques années, nous commençons, en France, à nous affranchir de ces méthodes arriérées. C'était bon de s'enfermer dans sa coquille quand les communications étaient difficiles, quand on se suffisait, pour ainsi dire, chacun chez soi, et quand on n'avait qu'un médiocre intérêt à suivre les progrès de l'industrie, par exemple, puisque la production répondait à la consommation. Aujourd'hui, ce n'est plus tout à fait cela ; c'est à qui fera le mieux, et, en même temps, fera le plus vite. La rapidité des transports, la rapidité des demandes qui peuvent être transmises, le même jour, d'un bout du monde à l'autre, ont provoqué une concurrence presque sans limites, et c'est tant pis pour ceux qui, s'en tenant aux vieux moyens, n'ont à leur service qu'un outillage inférieur. N'en pourrait-on dire autant pour l'agriculture, si complètement transformée depuis quelques années ? et même pour le commerce, dont les relations, au lieu d'être limitées, confinées dans un certain rayon, sont aujourd'hui universelles ?

Quoi de plus naturel que d'étudier les conditions nouvelles auxquelles sont soumises les industries diverses, les transactions commerciales, les exploitations agricoles ? Et en même temps, quoi de plus curieux, pour cette partie du public éclairé et qui aime d'autant plus à s'instruire, que l'étude rendue claire et facile, de ces trois choses qui sont les bases mêmes de la fortune d'un pays ? Les spécialistes n'ont qu'à choisir, dans les rayons de cette bibliothèque, pour trouver aussitôt ce qui les concerne et les intéresse. Autant de branches de la science, autant de traités particuliers, composés et écrits par les savants les plus autorisés et les professeurs les plus compétents.

La collection comprend onze séries consacrées à des ouvrages spéciaux, mais réunis tous, cependant, par un lien commun. Ainsi, il y a une série pour les sciences exactes, une autre pour les sciences d'observation. Dans la troisième, se trouve traité, sous ses différents aspects, l'art de l'ingénieur ; la quatrième s'occupe des mines et de la métallurgie. Ici sont étudiées les machines motrices ; là les professions militaires et maritimes. Plus loin, sous la rubrique Arts et Métiers, sont passées en revue les professions industrielles ; puis enfin l'agriculture, le jardinage et tout ce qui s'y rattache, l'étude des eaux, des bois et forêts, et enfin l'économie domestique. On voit tout ce qui peut tenir de traités particuliers dans cette nomenclature générale. Chacun a son volume, accompagné de dessins explicatifs et de figures, quand il est nécessaire, pour les mieux mettre à la portée du public.

Il est aisé de comprendre qu'une telle collection ne peut pas être exactement limitée, par la raison bien simple qu'elle doit se tenir à la hauteur du mouvement, c'est-à-dire du progrès, et tenir compte des inventions nouvelles qui, sans bouleverser de fond en comble les systèmes adoptés, les transforment en partie, ou tout au moins les modifient. Telle qu'elle est, on peut la considérer déjà comme supérieure à tout ce qui existe dans le même ordre d'idées. Le cadre général est plus vaste et peut s'élargir encore ; quant aux traités particuliers, comment n'offriraient-ils pas toutes les garanties désirables, grâce aux noms des spécialistes qui les ont rédigés? La physique, la chimie, les sciences naturelles, d'un côté, la géométrie, l'algèbre, de l'autre, sont enseignées de la façon la plus claire, et, ce qu'il ne faut pas oublier, par des moyens mis à la portée des gens du monde désireux d'acquérir des connaissances au moins superficielles sur toutes choses.

Ce qui caractérise notre époque est un immense besoin de savoir. On veut au moins des notions sur toutes choses. Comment les propriétaires, par exemple, pourraient-ils se rendre compte des engagements imposés à leurs fermiers, s'ils n'étaient, eux-mêmes, au fait des exigences de l'agriculture? Et il en est partout ainsi.

Cette bibliothèque répond donc à un besoin réel, à un moment où la machine remplace de plus en plus les bras et où le mécanicien fait des progrès constants. Rien de plus clair et de plus complet n'a été fait jusqu'à ce jour, ni de plus réellement utile. C'est l'encyclopédie du dix-neuvième siècle, qui se recommande aussi bien par la variété des sujets que par la valeur propre de chacun d'eux, où l'on trouve, en même temps que les vues d'ensemble, les guides pratiques de toutes les industries en exploitation et de toutes les professions et métiers. Nous ne saurions trop la recommander aux gens du monde curieux de notions générales, ainsi qu'aux personnes désireuses d'apprendre ou d'approfondir une spécialité.

Gravure spécimen du *Manuel pratique de Jardinage*. (Voir page 40.)

LISTE DES OUVRAGES

PAR ORDRE DE SÉRIE

SÉRIE A

SCIENCES EXACTES

1. **P. Leprince**. Principes d'algèbre. 1 vol. . . . . 4 »
2. **Lenoir**. Calculs et comptes faits. . . . . 4 »
3-4. **Ch. Rozan**. Leçons de géométrie. 1 vol., 4 fr., et un atlas, 2 fr. — L'ouvrage complet. . . . . 6 »
5-6. **Ortolan** et **Mesta**. Dessin linéaire. 1 vol., 4 fr., et un atlas, 2 fr. — L'ouvrage complet. . . . . 6 »

SÉRIE B

SCIENCES D'OBSERVATION

CHIMIE — PHYSIQUE — ÉLECTRICITÉ

1. Dr **Sacc**. Chimie minérale. 1 vol. . . . . 3 »
2. —— . Chimie organique. 1 vol . . . . 3 »
3-4. **Hetet**. Chimie générale élémentaire. 2 vol. . . . . . 10 »
5. **Chevalier**. L'étudiant photographe. 1 vol. . . . . . . 3 »
6. **Gaudry**. Essais des matières industrielles. 1 vol. . . . 4 »
7. **B. Miège**. Télégraphie électrique. 1 vol. . . . . 2 »
8. **Du Temple**. Introduction à l'étude de la physique. 1 vol. 4 »
9. **Flammarion (C.)**. Manuel pratique de l'astronome (*en preparation*). » »
10. **Frésenius** et **Will**. Potasses, soudes. 1 vol. . . . . 2 »
11. **Liebig**. Introduction à l'étude de la chimie. 1 vol. . . 3 »
12. **J. Brun**. Fraudes et maladies du vin. 1 vol. . . . . . . 3 »

13. Dr Lunel. Les falsifications. 1 vol. . . . . 4 »
14-15. **Noguès.** Minéralogie appliquée. 2 volumes à 4 fr. . . . 8 »
16. **Du Temple.** Transmission de la pensée et de la voix. 1 vol. 4 »
17. **Snow-Harris.** Leçons d'électricité. 1 vol. . . . . . . 3 »
18. **Laffineur.** Hydraulique et hydrologie. 1 vol. 3 50
19-20. **R. Clausius.** Théorie mécanique de la chaleur. 2 volumes à 4 fr. . . . . 8 »

SÉRIE C

ART DE L'INGÉNIEUR

PONTS ET CHAUSSÉES — CHEMINS DE FER — CONSTRUCTIONS CIVILES

1. **Guy.** Guide du géomètre arpenteur. 1 vol. . . . . . . 4 »
2-3. **Birot.** Guide du conducteur des Ponts et Chaussées et de l'agent voyer.
Première partie. Ponts. 1 vol. . . . . 4 »
Deuxième partie. Routes. 1 vol. . . . . 4 »
4. **G. Cornet.** Album des chemins de fer. 1 vol. . . . . 10 »
5. **Viollet-le-Duc.** Comment on construit une maison. 1 vol. . . . . 4 »
6. **Viollet-le-Duc.** Introduction à l'étude de l'architecture (*en préparation*) . . . . » »
7. **Pernot.** Guide du constructeur. 1 vol . . . . 4 »
8. **Frochot.** Cubage et estimation des bois. 1 vol . . . . 4 »
10. **Demanet.** Maçonnerie. 1 vol.. . . . . 5 »
11. **Laffineur.** Roues hydrauliques. 1 vol. 3 50
12. **Dinée.** Engrenages. 1 vol 3 50
13. Dynamite et agents explosifs (*en préparation*) . . . . » »
19-20. **Bouniceau.** Constructions à la mer. 1 vol. et 1 atlas. . 18 »
21. **Emion.** Exploitation des chemins de fer. Voyageurs et Bagages. 1 vol.. . . . . 4 »
22. **Emion.** Exploitation des chemins de fer. Marchandises. 1 vol. . . . . 4 »

SÉRIE D

MINES ET MÉTALLURGIE

GÉOLOGIE — HISTOIRE NATURELLE

1. **Dana.** Manuel du Géologue. 1 vol. . . . . 4 »
3. **D.-L.** Métallurgie pratique. 1 vol. . . . . 4 »

4. **Fairbairn**. Le fer. 1 vol. . . . . 4 »
5. **L.-B.-J. Dessoye**. Emploi de l'acier. 1 vol. . . . . . . 4 »
6. **Landrin**. Traité de l'acier. 1 vol. . . . . 4 »
7. **Agassiz** et **Gould**. Manuel du Naturaliste — Zoologie — (*en préparation*). . . . . » »
11. **C.** et **A. Tissier**. Aluminium et métaux alcalins. 1 vol. 3 »
12. **Guettier**. Alliages métalliques. 1 vol. . . . . 3 »
15. **Drapiez**. Minéralogie usuelle. 1 vol. . . . . 3 »

SÉRIE E

PROFESSIONS COMMERCIALES

1. Manuel des Entreprises commerciales (*en préparation*). » »
2. **Bourdain**. Manuel du Commerce des Tissus. 1 vol. . 3 »
3. Manuel du Caissier (*en préparation*). . . . . » »
4. **Emion**. La liberté et le courtage des marchandises (*épuisé*). » »

SÉRIE F

PROFESSIONS MILITAIRES ET MARITIMES

1. **Doneaud**. Droit maritime. 1 vol. . . . . 3 »
2. **Bousquet**. Architecture navale. 1 vol. . . . . 2 »
3. **Tartara**. Code des bris et naufrages. 1 vol. . . . . . 4 »
4. **Steerk**. Poudres et salpêtres. 1 vol. . . . . 4 »

SÉRIE G

ARTS ET MÉTIERS

PROFESSIONS INDUSTRIELLES

1. **Basset**. Culture et alcoolisation de la betterave. 1 vol. 3 »
2. **Rouland**. Nouveaux barèmes de serrurerie. 1 vol. . . 4 »
3. **Dubief**. Guide du Féculier et de l'Amidonnier. 1 vol. . 4 »
4. **Souviron**. Dictionnaire des termes techniques. 1 vol. 6 »

5. **Dromart**. Carbonisation des bois. 1 vol. . . . . 4 »
6. **A. Ortolan**. Guide de l'ouvrier mécanicien. 3 volumes à 4 fr., avec planches . . . . 12 »
7. **Jaunez**. Manuel du chauffeur. 1 vol. . . . . 2 »
8. **Violette**. Fabrication des vernis. 1 vol. . . . . 6 »
9. **Th. Chateau**. Corps gras industriels. 1 vol. . . . . . . 4 »
10. **Mulder**. Guide du brasseur. 1 vol. . . . . 4 »
11. **Dubief**. Traité de la fabrication des liqueurs. 1 vol. . . 4 »
12. **Houzé**. Le livre des métiers manuels. 1 vol. . . . . . 4 »
13. **J.-F. Merly**. Livre du charpentier. 1 vol. . . . . 4 »
14. **Fol**. Guide du teinturier. 1 vol. . . . . 4 »
15. **Barbot**. Guide du joaillier. 1 vol. . . . . 4 »
16. **Leroux**. Filature de la laine. 1 vol. . . . . 15 »
17. **De Courten**. Collodion sec au tanin. 1 vol. . . . . . . 4 »
18. **Prouteaux**. Fabrication du papier et du carton. . . . 4 »
19. **Berthoud**. La charcuterie pratique . . . . 4 »
20. **Lunel**. Guide du parfumeur. 1 vol. . . . . 4 »
21. **H. de Graffigny**. L'ingénieur électricien. 1 vol. . . . 4 »
22. Guide pratique de l'ouvrier électricien (*en préparation*) » »
23. **L. Moreau**. Guide du bijoutier. 1 vol. . . . . 2 »
44. **Lunel**. Guide de l'épicerie. 1 vol. . . . . 3 »
48. **Monier**. Essai et analyse des sucres. 1 vol. . . . . . 3 »
51. **Dubief**. Vinification. 1 vol. . . . . 4 »

SÉRIE H

AGRICULTURE

JARDINAGE. — HORTICULTURE. — EAUX ET FORÊTS.
CULTURES INDUSTRIELLES. — ANIMAUX DOMESTIQUES. — APICULTURE.
PISCICULTURE.

1. **Gobin**. Agriculture générale (*en réimpression*). . . . » »
2. **Grimard**. Manuel de l'herboriseur. 1 vol. . . . . . . 4 »
3. **Laffineur**. Guide de l'ingénieur agricole. 1 vol. . . . 3 »
4. **Gayot**. Habitations des animaux. Écuries et Étables. 1 vol. 3 »
5. — Habitations des animaux. Porcheries, Bergeries. 1 vol. 3 »
6-7. **Pouriau**. Sciences physiques appliquées à l'agriculture. 2 vol. . . . . 14 »
8. **Kielmann**. Drainage. 1 vol. . . . . 2 »
9. **H. Gobin**. Entomologie agricole. 1 vol. . . . . 4 »
10. **Sérigne**. La Vigne et ses maladies. 1 vol. . . . . . . 3 »

11. **Gossin**. Conférences agricoles. 1 vol. . . . . 1 »
12. **Sourdeval**. Elevage et dressage du cheval (*en préparation*) . . . . » »
13. **Bourgoin d'Orly**. Cultures exotiques. 1 vol. . . . . 4 »
14. **Dubos**. Choix de la vache laitière. 1 vol. 2 50
15. **Dubief**. Le Trésor des vignerons et marchands de vin. 1 vol. . . . . 3 »
16. **Canu et Larbalétrier**. Météorologie agricole. 1 vol. . 2 »
17. **Mariot-Didieux**. L'éducateur de lapins. 1 vol. 2 50
18. — Education lucrative des poules. 1 vol. 4 »
19. — — des oies et canards. 1 vol. 2 50
20. **Larbalétrier**. Guide de Pisciculture et d'Aquiculture fluviales. 1 vol . . . . 4 »
21. **Mariot-Didieux**. Le chasseur médecin. 1 vol. . . . 2 »
23. **Courtois-Gérard**. Culture maraîchère. 1 vol. . . . . 4 »
32-33. **Gobin**. Culture des plantes fourragères. Prairies naturelles. Prairies artificielles. 1 volume . . . . 4 »
40. **Fleury-Lacoste**. Le Vigneron. 1 vol. . . . . 3 »
41. **Courtois-Gérard**. Manuel pratique du jardinage. 1 vol. 4 »
42. **Koltz**. Culture du saule et du roseau. 1 vol. . . . . . 2 »
43. **Sicard**. Culture du cotonnier. 1 vol. . . . . 2 »
48. **Lunel**. Acclimatation des animaux domestiques. 1 vol. 3 »
52. **F. Fraîche**. Guide de l'ostréiculteur. 1 vol. . . . . . 3 »
53. **Touchet**. Vidange agricole. 1 vol. . . . . 1 »
55. **Pouriau**. Chimiste agriculteur. 1 vol. . . . . 6 »
56. **Lerolle**. Botanique appliquée. 1 vol. . . . . 4 »

SÉRIE I

ÉCONOMIE DOMESTIQUE

COMPTABILITÉ. — LÉGISLATION. — MÉLANGES

1. **Dubief**. Fabrication des vins factices. 1 vol. . . . . . 2 »
2. **Lunel**. Economie domestique. 1 vol. . . . . 2 »
3. **I.-A. Rey**. Ferments et fermentation. 1 vol. . . . . . . 4 »
4. **Dubief**. Le Liquoriste des dames. 1 vol. . . . . . . 3 »
5. **Hirtz**. Coupe et confection des vêtements de femmes ou d'enfants. 1 vol. . . . . 3 »
6. **Dufréné**. Droits des inventeurs. 1 vol. . . . . 3 »
8. **Baude**. Calligraphie. 1 vol. . . . . 4 »
9. **Lescure**. Traité de géographie. 1 vol. . . . . 3 »
10. **Block (M.)**. Principes de législation pratique appliquée au Commerce, à l'Industrie et à l'Agriculture. 1 vol. 4 »

12. **Emion**. Manuel des expropriés. 1 vol. . . . . 1 »
14. **Lunel**. Hygiène et médecine usuelle. 1 vol. . . . . . . 2 »
16. **J. d'Omalius d'Halloy**. Manuel d'Ethnographie. 1 vol. 4 »

SÉRIE J

FONCTIONS POLITIQUES & ADMINISTRATIVES

EMPLOIS DE L'ÉTAT, DÉPARTEMENTAUX, COMMUNAUX
SERVICES PUBLICS

1. **Mortimer d'Ocagne**. Les grandes Ecoles de France. 1 vol. . . . . 3 »
2. **Mortimer d'Ocagne**. Choix d'une carrière (*en préparation*). . . . . » »
3. **J. Albiot**. (*Code départemental*). Manuel des Conseillers généraux. 1 vol. . . . . 4 »
4. Manuel des Censeillers communaux. 1 vol. (*en préparation*) . . . . » »
6. **Lelay (E.)**. Lois et règlements sur la Douane. 1 vol. . 4 »
7. **Laffolay**. Nouveau manuel des octrois. 1 vol. . . . . 4 »

SÉRIE K

BEAUX-ARTS — DÉCORATIONS
ARTS GRAPHIQUES

1. **Carteron**. Introduction à l'étude des Beaux-Arts (*en préparation*) . . . . » »
2. **Viollet-le-Duc**. Comment on devient dessinateur. 1 vol. 4 »
3. **Pellegrin**. Perspective. 1 vol. . . . . 4 »

Le cartonnage toile de chaque volume se paye 0,50 c. en plus des prix indiqués.

TABLE DES MATIÈRES

TRAITÉES DANS LA

BIBLIOTHÈQUE DES PROFESSIONS

INDUSTRIELLES, COMMERCIALES ET AGRICOLES

Collection de volumes grand in-18

BIBLIOGRAPHIE RAISONNÉE

A

ACCLIMATATION DES ANIMAUX DOMESTIQUES (*Guide pratique de l'*), étude des animaux destinés à l'acclimatation, la naturalisation et la domestication : Animaux domestiques, méthodes de perfectionnement, mammifères, oiseaux, poissons, insectes, précédée de considérations sur les climats et de l'Exposé des classifications d'histoire naturelle, etc., par le docteur LUNEL, 1 volume avec figures dans le texte. . . . . 3 fr.

M. le docteur Lunel a résumé les notions concernant l'acclimatation disséminées dans un grand nombre d'ouvrages volumineux. Ce livre sera consulté avec fruit par toutes les personnes qu'intéresse la grande question de l'acclimatation. Il peut être considéré comme un guide sûr dans les jardins d'acclimatation où sont réunies toutes les races d'animaux indigènes et étrangères, et il donne d'une manière concise et substantielle les notions usuelles nécessaires pour l'étude des animaux destinés à l'acclimatation, la naturalisation et la domestication.

ACIDES (Voir Chimie, page 23, et Potasses, page 54).

ACIER (*Guide pratique de l'emploi de l'*), ses propriétés, avec une introduction et des notes de Ed. Grateau, ingénieur civil des mines, par J.-B.-J. Dessoye, ancien manufacturier, 1 volume. . . . . 4 fr.

Ce livre constitue une véritable monographie de l'acier. M. Dessoye prend l'art de fabriquer l'acier à son origine et nous montre ses progrès. Il signale la nature et les propriétés natives de l'acier, en indique les différents modes d'élaboration et termine son guide par une étude sur l'emploi de l'acier dans les manipulations qu'on lui fait subir. Comme le fait remarquer M. Grateau dans sa savante introduction, ce livre s'adresse à tous ceux qui sont appelés à acheter et à consommer de l'acier d'une qualité quelconque, sous toute forme, et il devra être consulté par tous les praticiens.

Extrait de la table. — Considérations préliminaires. — Etudes historiques sur la fabrication de l'acier. — Etudes générales sur l'existence des propriétés natives. — Etudes sur l'emploi de l'acier, considéré dans ses propriétés caractéristiques. — De l'emploi de l'acier considéré dans les manipulations qu'on lui fait subir.

ACIER (*Traité de l'*), théorie métallurgique, travail pratique, propriétés et usages, par H.-C. Landrin fils, ingénieur civil, 1 volume, avec figures. . . . . 4 fr.

Figure spécimen du *Traité de l'acier.*

Les deux ouvrages de MM. Landrin et Dessoye se complètent l'un par l'autre. Ils donnent au complet la fabrication et l'emploi de l'acier. Nous avons dit, en parlant de celui de M. Dessoye, en quoi consistait son étude; nous allons, par un extrait de la table des matières du livre de M. Landrin, indiquer en quoi il complète le précédent. — Histoire de l'acier, sa découverte, sa métallurgie dans l'antiquité et dans les différentes contrées. — De la chaleur, de l'oxygène, du soufre, de la chaux, des minerais de fer, des combustibles. — De l'acier et de sa théorie. — Théorie de Réaumur, docimasie. — Métallurgie, acide naturel, acier de fonte, acier puddlé, acier cimenté, acier de fusion, acier du Wootz.

Nouveaux procédés : Procédé Chenot, procédé Bessemer, procédé Taylor, procédé Uchatuis, acier damassé. *Etoffes* : Travail de l'acier, raffinage, soudure, recuit à la forge, trempe, recuit à la trempe, écrouissage. *Propriétés de l'acier :* Des limes, du fil d'acier, des aiguilles, tôle d'acier, des scies.

AGENT VOYER (Voir Ponts et Chaussées, page 53).

AGRICULTURE GÉNÉRALE (*Guide pratique d'*), par A. Gobin, 1 vol. — **En réimpression.** —

ALGÈBRE (*Principes d'*), par Paul Leprince, ingénieur, ancien élève de l'Ecole d'arts et métiers de Châlons-sur-Marne, 1 volume avec figures . . . . . 4 fr.

Un ouvrage de ce genre n'a pas encore été publié. Il indique les moyens les plus prompts et les plus simples à employer pour parvenir à la solution des problèmes. Il ne comprend que la marche pratique à suivre en algèbre pour arriver aux formules appliquées dans l'industrie en général.

ALLIAGES MÉTALLIQUES (*Guide pratique des*), par A. Guettier, ingénieur, directeur de fonderies, etc. 1 volume . . . . 3 fr.

Après avoir donné quelques explications préliminaires sur les propriétés physiques et chimiques des métaux et des alliages, l'auteur examine au point de vue des alliages entre eux les métaux spécialement industriels, c'est-à-dire d'un usage vulgaire très répandu (cuivre, étain, zinc, plomb, fer, fonte, acier). Il donne ensuite quelques indications générales sur les métaux appartenant aux autres industries, mais n'occupant qu'une place secondaire (bismuth, antimoine, nickel, arsenic, mercure), et sur des métaux riches appartenant aux arts ou aux industries de luxe (or, argent, aluminium, platine) ; enfin, il envisage les métaux d'un usage industriel restreint, au point de vue possible de leur association avec les alliages présentant quelque intérêt dans les arts industriels.

ALUMINIUM et **MÉTAUX ALCALINS** (*Guide pratique de la recherche, de l'extraction et de la fabrication de l'*). Recherches techniques sur leurs propriétés, leurs procédés d'extraction et leurs usages, par Charles et Alexandre Tissier, chimistes-manufacturiers. 1 volume, 1 planche et figures dans le texte . . . . 3 fr.

Les notions sur l'aluminium se trouvaient disséminées dans des recueils nombreux publiés en France et à l'étranger. Les auteurs de ce guide ont eu l'idée de faire de ces notions éparses un tout homogène dans lequel, après avoir retracé l'historique de la préparation des métaux alcalins, ils esquissent l'histoire de la préparation de l'aluminium. Des chapitres spéciaux sont consacrés à la fabrication industrielle et aux propriétés physiques et chimiques de ce nouveau métal, qui a conquis très rapidement une grande place dans l'industrie.

AMIDONNIER (Voir Féculier et Amidonnier, p. 34).

ANIMAUX (Voir Habitations des Animaux, page 37).

ANIMAUX DOMESTIQUES (Voir Acclimatation des Animaux domestiques, page 13).

ARCHITECTURE (*Introduction à l'étude de l'*), par VIOLLET-LE-DUC. — **En préparation.** —

ARCHITECTURE NAVALE (*Guide pratique d'*) à l'usage des capitaines de la marine du commerce, appelés à surveiller les constructions et les réparations de leurs navires, par Gustave BOUSQUET, capitaine au long cours, ingénieur, 1 volume avec figures dans le texte . . . . 2 fr.

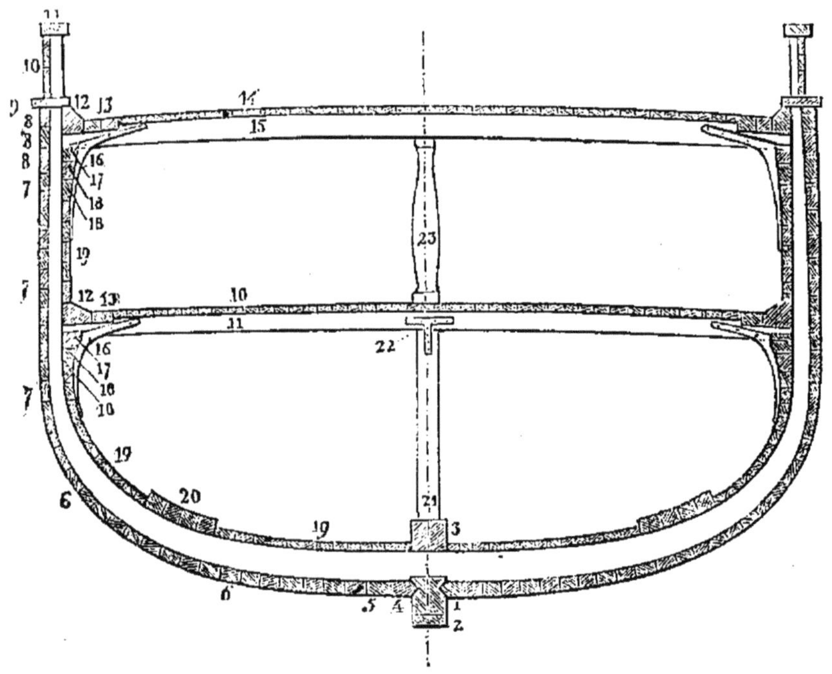

Figure spécimen du *Guide pratique d'architecture navale*.

Dans la *première partie*, l'auteur traite de la connaissance des cales, c'est-à-dire l'endroit où doit être réparé le navire. — Droit et tour d'une pièce. — Ecarts. — Quille. — L'étrave. — L'étambot. — L'assemblage des couples, etc.

Dans la *deuxième partie*, nous avons les revêtements intérieurs. — La lisse. — Les carlingues. — Les livets. — Bauquières. — Barrots. — Epontilles, etc.

Puis les revêtements extérieurs. Précintes, bordées, bois étuvés, chevillage, clous, calfatage, panneaux ou écoutilles, etc.

Cet abrégé très sommaire des matières contenues dans ce volume suffira pour faire comprendre que sa lecture ne peut être que très profitable.

ASTRONOMIE (*Manuel pratique de l'*), par Camille Flammarion. *L'art d'observer le ciel et de se servir des instruments d'optique.* 1 volume. — **En préparation.** —

Figure spécimen de l'*Ingénieur électricien.* (Voir page 31.)

B

BEAUX-ARTS (*Introduction à l'étude des*). 1 volume. — En préparation. —

BERGERIES (voir Habitation des animaux, page 37).

BETTERAVE (*Traité pratique de la culture et de l'alcoolisation de la*). Résumé complet des meilleurs travaux faits jusqu'à ce jour sur la betterave et son alcoolisation, renfermant toutes les notions nécessaires au cultivateur et au distillateur, ainsi que l'examen des méthodes de pulpation, de macération, de fermentation et de distillation employées aujourd'hui. 3e édition corrigée et considérablement augmentée, par N. BASSET. 1 volume avec figures dans le texte . . . . 3 fr.

Avant de donner au public cette nouvelle édition, l'auteur avait étudié à fond les principales questions relatives à la culture, à la distillation de la betterave, afin d'apporter son contingent à la grande question de la transformation agricole, par les données que l'expérience lui a fournies. Il a voulu mettre sous les yeux des agriculteurs et des distillateurs les faits techniques, scientifiques et pratiques, dans la plus grande simplicité d'expression. Il examine avec impartialité les différents systèmes : Champenois, Kessler, Dubrunfaut, etc.

BIÈRE (Voir Brasseur, page 20).

BIJOUTIER (*Guide pratique du*). Application de l'harmonie des couleurs dans la juxtaposition des pierres précieuses, des émaux et de l'or de couleur, par L. MOREAU, bijoutier et dessinateur. 1 volume avec 2 planches coloriées . . . . 2 fr.

Ce petit livre est une protestation hardie contre l'esprit de routine. L'auteur a réuni les données fournies par la science sur l'harmonie et le contraste des couleurs, et comparant ces données aux observations faites dans la pratique du métier, il a formé une théorie applicable à la bijouterie.

BOIS EN FORÊTS (*Carbonisation des*), par E. DROMART, ingénieur civil, 1 volume avec figures et 1 planche . . . . 4 fr.

Extrait de la table des matières : Bois. — Charbon de bois. — Carbonisation des meules en forêts. — Carbonisation des bois à goudron. — Appareils à vases clos. — Appareils à vapeur surchauffée. — Carbonisation des bois durs, des tiges de bruyère. — Analyse des charbons.

BOIS (*Guide théorique et pratique de Cubage et d'Estimation des*) à l'usage des propriétaires, régisseurs, marchands de bois, gardes forestiers, etc., etc., par Alexis FROCHOT, sous-inspecteur des forêts, etc. 2e édition. 1 volume, tableaux et 14 figures et 1 planche graphique donnant les tarifs de cubage des arbres sur pied et des arbres abattus. . . . . 4 fr.

Figure spécimen du *Guide de cubage et d'estimation des bois.*

Extrait de la table des matières. — **Cubage des bois abattus.** Bois en grume, bois ronds, bois méplats, bois équarris, bois de feu; exécution des calculs de cubage. — **Cubage des bois sur pied.** — Mesures des hauteurs : 1° au dentromètre; 2° à vue d'œil; 3° mesure des diamètres. — Cubage des résineux. — **Estimation des bois sur pied en matière,** bois de charpente, étais, perches de mines, poteaux télégraphiques, sciage, traverses de chemins de fer, bois de fente, bois de feu, écorces, frais de transport et d'exploitation. — Estimation en argent. — **Estimation des forêts en fonds et superficie.** — Exposé de la méthode, bois susceptibles de revenus égaux et périodiques, bois donnant des revenus inégaux. — Procédés de calculs à employer. — Applications, tarifs linéaires, renseignements bibliographiques.

BOTANIQUE (** Traité pratique et élémentaire de*) appliquée à la culture des plantes, par Léon LEROLLE, ancien élève de l'Ecole d'agriculture de Grand-Jouan, membre de la Société d'horticulture de Marseille, 1 volume, 108 figures dans le texte. . . . . 4 fr.

Extrait de la table: De la germination des graines, choix et conservation des graines. — De la végétation des plantes, des bourgeons. — Phénomènes souterrains, phénomènes aériens, phénomènes anatomiques de la végétation. — Nutrition des végétaux, nature des substances absorbées par les racines, sécrétion, transpiration. — Agents essentiels de la végétation. — De la reproduction des plantes, du périanthe, des étamines, du pistil, des ovules. — Floraison. — Fécondation. — Fructification. — Granification.

BRASSEUR (*Guide du*) ou *l'Art de faire de la Bière*, par G.-J. Mulder, professeur à l'Université d'Utrecht. Traité élémentaire théorique et pratique. La bière, sa composition chimique, sa fabrication, son emploi comme boisson, traduit de l'allemand et annoté par L.-F. Dubief, chimiste, nouvelle édition revue et corrigée, par M. Ch. Baye. 1 vol. . . . . 4 fr.

M. Mulder a tâché d'analyser tous les écrits qui ont été publiés sur ce sujet pour en tirer la quintessence en y apportant de son propre fond. C'est un travail consciencieusement écrit, fruit de laborieuses études dont le brasseur pourra faire son profit.

BRIS ET NAUFRAGES (*Nouveau code des*), ou sûreté et sauvetage maritime, publié avec l'autorisation du ministre de la Marine et des Colonies, par J. Tartara, commissaire ordonnateur de la marine en Algérie, 1 volume . . . . 4 fr.

C

CAFÉIER ET CACAOYER (Voir Cultures exotiques, page 28).

CAISSIER (*Manuel du*). Traité théorique et pratique des payements et recettes. — **En préparation.** —

CALCULS ET COMPTES FAITS à l'usage des industriels en général et spécialement des mécaniciens, charpentiers, serruriers, chaudronniers, toiseurs, arpenteurs, vérificateurs, etc. Troisième édition complètement refondue des calculs faits de A. Lenoir, par Joseph Vinot. 1 volume et tableaux . . . . 4 fr.

Son objet est d'éviter aux chefs d'atelier une foule de calculs souvent assez difficiles à résoudre; enfin c'est un aide-mémoire qui est appelé à rendre de grands services par le temps qu'il fait économiser. Il se divise comme suit: 1° Arithmétique. — 2° Conversion — 3° Physique. — 4° Mécanique. — 5° Frottements, résistances. — 6° Cubage des métaux. — 7° Cubage des bois. — 8° Tables commerciales.

CALLIGRAPHIE. Cours d'écriture avec 32 planches, par L. BAUDE, 1 vol. . . . . 4 fr.

SOMMAIRE : Objets et instruments nécessaires pour écrire. — Formes et variante de l'écriture anglaise. — De la manière de tenir la plume. — Principes généraux de l'écriture anglaise. — Des différentes grosseurs d'écriture. — Majuscules. — Minuscules. — Chiffres. — De l'expédiée ou cursive anglaise. — Des écritures fortes : Bâtarde, Coulée, Ronde et Gothique. — *De l'emploi dans l'écriture des accents, de la ponctuation et autres signes.*

CANARDS (Voir Oies et Canards, page 48).

CANNE A SUCRE (Voir Cultures exotiques, page 28).

CARBONISATION DES BOIS (Voir Bois, page 18).

CARTON (Voir Papier et Carton, page 50).

CENDRES (Voir Potasses, page 54).

CHALEUR (*Théorie mécanique de la*), traduit de l'allemand par F. FOLIE, professeur à l'École industrielle, et répétiteur à l'École des mines de Liège, par R. CLAUSIUS, professeur à l'Université de Wurtzbourg. 2 vol. à 4 fr., 8 fr.

CHARCUTERIE PRATIQUE (*La*), par Marc BERTHOUD, ancien charcutier, ex-président de la corporation des charcutiers de Genève. 2e édition. 1 volume avec 74 figures. . . . . 4 fr.

EXTRAIT DE LA TABLE DES MATIÈRES. — *1re partie :* Le porc, différentes races, élevage, engraissement, maladies, transports. — Locaux, appareils, ustensiles. — Condiments, accessoires. — Abatage du porc, utilisation des différentes parties du porc, salaison, désalaison. — Premières manipulations. — *2e partie :* Charcuterie proprement dite : Andouilles, andouillettes, boudins, saucisses, saucissons, jambons, petites pièces chaudes et froides. — Grosses pièces froides. — Sauces, accessoires. — Cochon de lait, sanglier. — Pâtisserie. — Terrines. — Décoration. — Conservation des viandes, conserves. — *3e partie :* Charcuterie allemande : saucisses, produits divers.

CHARPENTIER ✻ (*Le livre de poche du*), application pratique à l'usage des CHANTIERS, des ÉLÈVES DES ÉCOLES PROFESSIONNELLES, etc., par J.-F. MERLY, charpentier, entrepreneur de travaux publics, membre de la

Société industrielle d'Angers, etc. Collection de 140 ÉPURES, 1 vol. 287 pages de texte et planches en regard. . . 4 fr.

M. Merly n'est pas un savant qui doit s'efforcer d'oublier la technologie de l'école pour parler le langage ordinaire de la plupart de ses auditeurs ; M. Merly est, au contraire, un ouvrier, un homme pratique, qui a cherché à se faire comprendre par les compagnons de travail auxquels il s'adressait, et qui est arrivé à des démonstrations si claires, à des explications si naturelles, que les théoriciens eux-mêmes ont bientôt eu à s'inspirer de ses travaux. Rien de plus net que ses dessins, rien de plus simple que ses préceptes : c'est en quelque sorte en se jouant qu'il arrive aux épures les plus compliquées. — C'est le résumé des cours faits par M. Merly à ses compagnons charpentiers.

CHASSEUR MÉDECIN (*Le*), ou traité complet sur les maladies du chien, par M. Francis CLATER, vétérinaire anglais, traduit de l'anglais sur la 27e édition. 3e édition française, corrigée et augmentée, par M. Mariot-Didieux. 1 volume. . . . . 2 fr.

Le succès que ce livre a eu en Angleterre (vingt-sept éditions) dispense de tout commentaire. Le guide que nous avons placé dans notre Bibliothèque en est la troisième édition française. M. Mariot-Didieux, le savant vétérinaire, en acceptant la revision de cette édition, s'est attaché à supprimer dans le texte original des formules trop compliquées, à en simplifier d'autres et en ajouter de nouvelles. Ainsi entièrement refondu, l'ouvrage est véritablement un traité complet sur les maladies du chien, traité auquel un chapitre sur l'art de mégisser les peaux pour en faire des tapis sert de complément.

CHAUFFEUR (*Manuel du*), guide pratique à l'usage des mécaniciens, des chauffeurs et des propriétaires de machines à vapeur; exposé des connaissances nécessaires, suivi de conseils afin d'éviter les explosions des chaudières à vapeur, par JAUNEZ, ingénieur civil. 2e édition. 1 volume, 37 figures dans le texte et planches . . . . 2 fr.

Cet ouvrage est spécialement destiné aux chauffeurs, comme l'indique son titre. Les bons chauffeurs pour l'industrie privée sont rares et, par conséquent, recherchés. Les personnes qui ont des machines à vapeur ne sont que trop souvent obligées d'employer pour chauffeurs des hommes qui manquent non seulement des connaissances indispensables pour remplir un tel emploi, mais quelquefois même de la moindre instruction pratique. Dans de telles circonstances, il y a évidemment danger, et c'est pourquoi nous avons publié cet ouvrage, afin qu'il soit mis dans les mains de tous les ouvriers qui, sans savoir le premier mot de la théorie de la chaleur ni de la mécanique, seront à même, après l'avoir lu attentivement, de conduire une machine à vapeur. Cet ouvrage doit être dans leurs mains comme un catéchisme qui viendra leur apprendre leur métier.

Extrait de la table des matières : — Pression de l'air. — Baromètre. — Compression de l'air. — Pompes. — Du calorique. — Thermomètre. — Quantité d'eau nécessaire à la condensation de l'eau. — De la vapeur d'eau. — Des moyens pour connaître la force de la vapeur. — Manomètre. — Soupapes de sûreté. — Conduite du feu. — Chaudière. — Giffard. — Incrustations et dépôts dans les chaudières. — Des soins et de l'entretien des machines à vapeur. — Résumé des moyens ayant pour but d'éviter les explosions. — Mise en marche des machines à vapeur. — Renseignements généraux, etc.

CHEMINS DE FER (*Traité de l'exploitation des*), ouvrage composé de deux parties, précédé d'une préface de M. Jules FAVRE, par Victor EMION.

PREMIÈRE PARTIE. — **VOYAGEURS ET BAGAGES**. . 4 fr.

DEUXIÈME PARTIE. — **MARCHANDISES**. . . . . . . 4 fr.

Aujourd'hui que tout le monde voyage, le manuel de M. V. Emion est devenu un guide indispensable. Il fait connaître à chacun ses droits et ses devoirs vis-à-vis des compagnies: il prend le voyageur chez lui, le mène à la gare, le suit à son départ, pendant sa route, à son arrivée, et le ramène à son domicile; il prévoit toutes les difficultés, toutes les contestations, et en donne la solution fondée sur la loi, les règlements, la jurisprudence et l'équité.

Dans la seconde partie, M. Emion traite avec beaucoup de détails l'organisation du service des marchandises, les tarifs, les formalités exigées pour la remise des marchandises en gare, l'expédition, la livraison, enfin tout ce qui concerne les actions à intenter aux compagnies, soit pour avaries, soit pour retard, perte, négligence, etc.

CHEMINS DE FER (*Album des*), résumé graphique du cours professé à l'Ecole centrale des arts et manufactures. 4e édition, par G. CORNET, répétiteur à l'École centrale des arts et manufactures de Paris. 1 vol. texte et 74 planches gravées sur acier . . . . 10 fr.

CHEVAL (*Élevage et dressage du*), par de SOURDEVAL. 1 vol. — **En préparation.** —

CHIMIE (*Introduction à l'étude de la*), contenant les principes généraux de cette science, les proportions chimiques, la théorie atomique, le rapport des poids atomiques avec le volume des corps, l'isomorphisme, les usages des poids atomatiques et des formules chimiques, les combinaisons isomériques des corps catalyptiques, etc., accompagnée de considérations détaillées sur les acides, les bases et les sels, traduit de l'allemand par Ch. GERHARDT, augmentée d'une table alphabétique des matières présentant les définitions techniques et les relations des corps, par J. LIEBIG. 1 volume . . . . 3 fr.

L'accueil favorable que cette traduction a rencontré en France rappelle le succès obtenu en Allemagne par l'édition originale de l'illustre savant, considéré à juste titre comme l'un des princes de la chimie moderne.

CHIMIE (*Éléments de*), par le Dr SACC, professeur à l'Académie de Neuchâtel (Suisse), membre correspondant de la Société nationale de l'agriculture, professeur à Genève, etc. 2 volumes.

PREMIÈRE PARTIE. — **CHIMIE MINÉRALE** ou synthétique. 1 vol . . . . 3 fr. »

SECONDE PARTIE. — **CHIMIE ORGANIQUE** ou asynthétique. 1 vol. . . . . 3 fr. »

Ce petit traité, comme le dit l'auteur, n'a qu'une ambition, celle de faire aimer cette admirable science, d'en exposer aussi brièvement que possible le champ immense de manière à la rendre abordable à tous. C'est la première tentative d'une *chimie naturelle* et pure. L'auteur, laissant de côté tous les systèmes, aborde donc une voie qui doit devenir féconde.

CHIMIE GÉNÉRALE ÉLÉMENTAIRE, d'après les principes modernes, avec les principales applications à la médecine, aux arts industriels et à la pyrotechnie, comprenant l'analyse chimique qualitative et quantitative. Ouvrage publié avec l'approbation de M. le ministre de la Marine et des Colonies, par Frédéric HÉTET, professeur de chimie aux écoles de la marine, pharmacien en chef, officier de la Légion d'honneur, membre de plusieurs sociétés savantes. 2 volumes avec 174 figures dans le texte . . . . 10 fr.

SOMMAIRE DES PRINCIPAUX CHAPITRES. — Nomenclature chimique. — Notation chimique. — Lois des combinaisons. — Théorie atomique. — Acides. — Sels. — Eléments monoatomiques. — Série du chlore. — Série du brome. — Série de l'iode. — Fluor. — Série du cyanogène. — Métalloïdes diatomiques. — Série de l'oxygène. — Protoxyde d'hydrogène. — Eau. — Eaux potables. — Série du soufre. — Métalloïdes triatomiques. — Série du bore. — Métalloïdes tripentatomiques. — Série de l'azote. — Combinaisons de l'azote avec l'hydrogène. — Composés oxygénés de l'azote. — Agents explosifs modernes. — Analyse de l'acide azotique. — Série du phosphore. — Combinaisons oxygénées du phosphore. Série de l'arsenic. — Série de l'antimoine. — Bismuth. — Uranium. — Tableau résumé des azotoïdes. — Métalloïdes tétratomiques. — Série du silicium. — Série du carbone. — Gaz d'éclairage. — Combinaisons avec l'oxygène. — Sulfure de carbone. — Feux liquides de guerre. — Dosage du carbone. — Analyse des gaz et des mélanges gazeux. — Série de l'étain. — Généralités sur les métaux. — Métaux positifs. — Première classe. — Monoatomiques. — Potassium. — Poudres. — Alcalimétrie. — Sodium. — Fabrication de la soude. — Lithium. — Analyse spectrale. — Rubidium. — Césium. — Thallium. — Argent. — Alliages d'argent. — Azotate d'argent. — Réaction des sels d'argent. — Dosage de l'argent. — Métaux de la deuxième classe ou biatomique. — Calcium. — Oxydes de calcium. — Usages de la chaux. — Sulfures de calcium. — Plâtre. — Cuisson du plâtre. — Phosphates calciques. — Carbonate de calcium. — Baryum. — Strontium. — Magnésium. — Oxyde de magnésium. — Zinc. — Oxyde de zinc. — Cadmium. — Cuivre. — Laitons. — Bronzes. — Oxyde de cuivre. — Acétate de cuivre. — Réactions des sels de cuivre. — Mercure. — Chlorure de mercure. — Iodure de mercure. — Sulfate de mercure. — Fulminate de mercure. — Plomb. — Oxyde de plomb. — Minium. — Céruse. — Cobalt. — Nickel. — Chrome. — Manganèse. — Oxydes de manganèse. — Bioxyde de manganèse. — Fer. — Préparation de l'acier. — Usages du fer et de l'acier. — Propriété du fer et de l'acier. — Combinaisons du fer. — Analyse des combinaisons du fer. — Analyses des fontes et aciers. — Métaux triatomiques. — Or. — Dorure. — Métaux tétratomiques. — Molybdène. — Platine. — Amorces à fil de platine. — Osmium. — Iridium. — Palladium. — Aluminium. — Aluns. — Kaolins. — Argiles. — Mortiers. — Ciments. — Poteries. — Bétons. — Action de l'eau de mer. — Mastics. — Photographie.

CHIMIE INORGANIQUE appliquée à l'agriculture (Voir Sciences physiques, page 57).

CHIMIE ORGANIQUE appliquée à l'agriculture (Voir Sciences physiques, page 57).

CHIMISTE-AGRICULTEUR (*Manuel du*), par A.-F. POURIAU. 1 volume avec 148 figures dans le texte, et de nombreux tableaux, suivi d'un appendice. . . 6 fr.

Ce volume forme en quelque sorte le complément de la *Chimie organique* et de la *Chimie inorganique*. Il fait connaître les diverses manipulations qui sont décrites avec un très grand soin. Il contient, en outre, un grand nombre d'indications d'une utilité toute pratique.

L'intention de l'auteur en le publiant a été d'offrir aux personnes qui s'occupent de chimie agricole un guide renfermant la description des méthodes les plus simples à suivre dans l'analyse des divers composés naturels ou artificiels qui sont du domaine de l'agriculture. Désireux de mettre son livre à la portée de tout le monde, l'auteur a toujours eu le soin, dans l'exposé de ses méthodes, d'établir deux catégories d'essais. Les unes essentiellement pratiques et accessibles à tous, et les autres plus exactes et qui exigent une plus grande habitude des manipulations chimiques.

CHOIX D'UNE CARRIÈRE (*Le*), par MORTIMER D'OCAGNE. 1 vol. — **En préparation.** —

CODE DES BRIS ET NAUFRAGES (Voir Bris et Naufrages, page 20).

COLLODION SEC (*Manuel pratique de*) au tanin et de tirage économique des épreuves positives, suivi d'une étude sur la rectitude et le parallélisme des lignes en photographie, par le comte Ludovico de COURTEN, photographe. 1 volume avec figures dans le texte et une très belle photographie. 4 fr.

CONFÉRENCES AGRICOLES (*Guide pratique des*), accompagné d'un appendice comprenant des notes et des instructions pratiques puisées dans les Annales du Génie civil, par L. GOSSIN, cultivateur, professeur d'agriculture dans l'Oise. 1 volume. . . . . 1 fr.

(Ouvrage recommandé officiellement pour les écoles normales, etc.)

Dans les grandes villes, on tient des conférences ; M. Gossin a rêvé les conférences au village, des conversations intimes, familières, fructueuses. Dévoué depuis de longues années à l'enseignement rural, M. Gossin possède de plus l'art de la démonstration facile, et sa parole sympathique est écoutée avec plaisir et par conséquent avec fruit.

CONSEILLERS GÉNÉRAUX (*Manuel des*). Loi organique des conseillers généraux, avec les commentaires officiels, par J. Albiot. (*Code départemental.*) 1 volume. 4 fr.

Cet ouvrage peut être considéré comme un aide-mémoire à l'aide duquel les personnes notables appelées, en qualité de conseillers généraux, à discuter les intérêts de leur département, trouveront de nombreux renseignements relatifs à la législation qu'ils auront à appliquer.

CONSEILLERS COMMUNAUX (*Manuel des*). 1 vol. — **En préparation.** —

CONSTRUCTEUR (✻ *Guide pratique du*). Dictionnaire des mots techniques employés dans la construction, à l'usage des architectes, propriétaires, entrepreneurs de maçonnerie, charpente, serrurerie, couverture, etc., renfermant les termes d'architecture civile, l'analyse des lois de voirie, des bâtiments, etc., par L.-P. Pernot, officier de la Légion d'honneur, architecte-vérificateur des travaux publics. Nouvelle édition, corrigée, augmentée et entièrement refondue, par C. Tronquoy, ingénieur civil, et Ch. Baye. 1 volume . . . . 4 fr.

CONSTRUCTEUR (Voir Maçonnerie, page 43).

CONSTRUCTIONS A LA MER (*Études et notions sur les*), par Bouniceau, ingénieur en chef des ponts et chaussées. 1 volume avec atlas de 44 planches in-4°, dont plusieurs doubles . . . . 18 fr.

Cet ouvrage est le résumé d'études longues et consciencieuses d'un des ingénieurs en chef les plus distingués du corps national des ponts et chaussées. M. Bouniceau a attaché son nom à des travaux d'une haute importance. Son travail devra être médité par tous ceux qu'intéressent les nouveaux développements que doivent prendre les constructions conçues en vue d'améliorer les ports de mer et les ouvrages nécessaires à la préservation des côtes. L'atlas qui accompagne ces études est remarquable sous le rapport du choix des planches et de leur exécution.

Définitions et préliminaires. — Avant-ports. Bassins. Darses. — *Môles ou brise-lames.* — Môles à claire-voies. Môles anciens. Môles modernes. — *Jetées.* Ports à marée. Chenaux. Dragues. Musoirs. Remorquage à vapeur dans les chenaux. — *Ports d'échouage :* Epaisseur des quais. Ecluses. Portes d'èbe et de flot. Manœuvre des portes. Pose des portes. Ponts sur les écluses. *Bassins à flot :* leur forme, leur largeur, leur superficie. Valeur des places à quai. — *Nettoyage des ports.* — *Ouvrages pour la construction et le radoubage des na-*

vires : Cales de construction. Cales de débarquement. Machines élévatoires. — *Ports dans les rivières à marée.* — *Canaux maritimes.* — *Ouvrages à l'issue des ports de commerce.* Phares. Phares en fer sur pieux à vis. Phares flottants. Feux de port. Bouées, Balises. — *Matériaux de construction. Mortiers.* Pierres, sables, chaux et ciments. Fabrication des mortiers. Briques, bois. Fondations par épuisement. Fondations mixtes sur pilotis. Fondations en rade.

CORPS GRAS INDUSTRIELS (*Guide pratique de la connaissance et de l'exploitation des*), contenant l'histoire des provenances, des modes d'extraction, des propriétés physiques et chimiques, du commerce des corps gras, des altérations et des falsifications dont ils sont l'objet, et des moyens anciens et nouveaux de reconnaître ces sophistications. Ouvrage à l'usage des chimistes, des pharmaciens, des parfumeurs, des fabricants d'huiles, etc., des épurateurs, des fondeurs de suif, des fabricants de savon, de bougie, de chandelle, d'huile et de graisses pour machines, des entrepositaires de graines oléagineuses et de corps gras, etc., par Th. CHATEAU, chimiste, ex-préparateur au Muséum d'histoire naturelle. 2e édition, augmentée d'un appendice. 1 volume avec tableaux. . . . . . . 4 fr.

M. Chateau, en publiant la première édition de cet ouvrage, avait eu pour but de donner aux chimistes et aux manufacturiers une histoire aussi complète que possible des corps gras industriels employés tant en France qu'à l'étranger, et considérés au point de vue de leur provenance, de leur extraction, de leur composition, de leurs propriétés physiques et chimiques, de leur commerce et de leurs altérations spontanées ou frauduleuses.

Dans la nouvelle édition, M. Chateau a ajouté à sa monographie des corps gras un appendice renfermant quelques corrections indispensables et d'importantes additions.

COUPE et CONFECTION de vêtements de femmes et d'enfants (*Méthode de*). — Travaux à aiguille usuels. — Cours de couture en blanc. — Raccommodage. — Méthode de **TRICOT**. — Art de la coupe et de la confection en général, par Elisa HIRTZ. 1 volume avec 154 figures. . . . . 3 fr.

COTONNIER (*Guide pratique de la culture du*), par SICARD. 1 volume avec figures dans le texte. . . . . 2 fr.

La culture du cotonnier ne peut convenir qu'à de certaines contrées. M. Sicard, qui l'a expérimentée avec succès et pendant de longues années dans les provinces du Midi et en Algérie, a publié cet ouvrage pour faire profiter le public de l'expérience qu'il avait acquise dans la culture de cet arbrisseau.

L'ouvrage est enrichi de dessins exécutés d'après la photographie et d'une exactitude rigoureuse.

CUBAGE et ESTIMATION DES BOIS (Voir Bois, page 19).

CULTURES EXOTIQUES. Guide pratique de la culture de la **CANNE A SUCRE**, du **CAFIER**, du **CACAOYER**, suivi d'un traité de la **FABRICATION DU CHOCOLAT**, par BOURGOIN D'ORLI. 1 volume. . . . . 4 fr.

CULTURE MARAICHÈRE (*Manuel pratique de*). 6e édit., augmentée d'un grand nombre de figures et de plusieurs articles nouveaux. Ouvrage couronné d'une médaille d'or par la Société centrale d'agriculture, d'une grande médaille de vermeil par la Société centrale d'horticulture, par COURTOIS-GÉRARD. 1 volume avec 89 figures dans le texte. . . . . 4 fr.

Figure spécimen du *Guide de culture maraîchère.*

Outre les récompenses honorifiques qui viennent d'être mentionnées, l'auteur de ce manuel a obtenu une attestation qui garantit la valeur de son travail aux yeux du public, en même temps qu'elle constate l'exactitude de ses recherches et l'utilité des notions renfermées dans son ouvrage. Cette attestation émane de vingt-cinq jardiniers maraîchers de la ville de Paris qui, après avoir entendu la lecture du travail de M. Courtois-Gérard, déclarent qu'ils lui donnent toute leur approbation, comme étant conforme aux bonnes méthodes de culture en usage parmi eux, et autorisent l'auteur à le publier sous leur patronage.

Cet ouvrage est officiellement recommandé pour les écoles normales, etc. Cette nouvelle édition a été augmentée d'un chapitre sur la culture des porte-graines et d'un vocabulaire maraîcher.

Table des principaux chapitres :

Marais pour culture de pleine terre. — Marais pour culture de primeurs. — Analyse des terres. — De l'établissement d'un jardin maraîcher. — Engrais et pailles. — Outillage. — Diverses opérations. — La culture des porte-graines. — Destruction des insectes. — Des maladies des plantes. — Calendrier du maraîcher ou travaux manuels. — Vocabulaire du maraîcher.

D

DESSINATEUR (✳ *Comment on devient un*), par Viollet-le-Duc. 1 volume, orné de 110 dessins par l'auteur et d'un portrait de Viollet-le-Duc. 11e édition . . . . 4 fr.

Extrait de la table des matières. — Notables découvertes. — Comment il est reconnu que la géométrie s'applique à plusieurs choses. — Autres découvertes touchant la lumière et la géométrie descriptive. — Où on commence à voir. — Une leçon d'Anatomie comparée. — Opérations sur le terrain. — Cinq ans après. — Où une vocation se dessine. — Douze jours dans les Alpes. — Conclusion.

DESSIN LINÉAIRE (*Guide pratique pour l'étude du*) et de son application aux professions industrielles, par A. Ortolan, mécanicien chef de la marine de l'Etat, et J. Mesta, mécanicien principal. 1 volume avec un atlas de 41 planches doubles. Le volume, 4 fr.; l'atlas, 2 fr. — L'ouvrage complet . . . . 6 fr.

Cet ouvrage recommandable est aujourd'hui adopté dans plusieurs écoles industrielles; on le trouve dans tous les ateliers. Un dictionnaire des termes techniques lui sert d'introduction, ce qui a permis aux auteurs de donner dans le cours de leur travail des indications sur les détails, sans obliger l'élève à recourir au texte des premières leçons. C'est donc par la nomenclature des instruments indispensables à l'étude du dessin que les auteurs ont débuté, puis arrivant à l'application, ils donnent la définition des lignes géométriques : le point, la ligne droite, brisée, courbe ; arc de cercle, rayon ; les angles. — Tracé des parallèles et des perpendiculaires. — Construction des angles. — Figures géométriques. — Des triangles. — Des quadrilatères. — Tangentes et sécantes à la circonférence. — Angles inscrits et circonscrits à la circonférence. — Polygones réguliers, figures inscrites et circonscrites. — Définition et construction. — Mesure et divisions des lignes. — Mesure des angles. — Rapporteurs. — Des solides. — Du plan horizontal et du plan vertical, des projections, des croquis, de la vis. — Exécution d'un dessin d'après un croquis coté et sur une échelle de convention. — Exécution d'un dessin d'ensemble avec projection de coupe. — Des engrenages ou roues dentées. — De quelques courbes et de leur tracé. — Réduction et copie d'un dessin. — Dessins ombrés au tire-ligne, du lavis, etc., etc.

DICTIONNAIRE DES FALSIFICATIONS (Voir Falsifications, page 34).

DICTIONNAIRE DU CONSTRUCTEUR (Voir Constructeur, page 26).

DICTIONNAIRE DES TERMES TECHNIQUES (Voir Termes techniques, page 58).

DICTIONNAIRE DES COSMÉTIQUES ET PARFUMS (Voir Parfumeur, page 50).

DOUANE (*Recueil abrégé des lois et règlements sur la*), son organisation, son personnel et ses brigades, par Eugène Lelay, capitaine des douanes. 1 volume. 4 fr.

Table des matières. — *Des Douanes et de leur organisation. — Attributions du personnel. — Service actif ou des brigades. — Lois générales relatives au personnel.*

DRAINAGE (*Guide pratique de*); résultats d'observations et d'expériences pratiques, traduit pour l'usage des agriculteurs français par C. Hombourg, par C.-E. Kielmann, directeur de l'École agricole de Haasenfelde. 1 volume avec figures dans le texte . . . . 2 fr.

La plupart des ouvrages publiés sur le drainage sont le résultat d'études théoriques que l'expérience n'a pas encore sanctionnées. M. Kielmann est entré dans une autre voie : il n'a eu recours à la théorie qu'autant que cela était nécessaire pour expliquer certains phénomènes. Comme il le dit dans sa préface, il voulait offrir à ceux qui commencent à s'occuper du drainage, et même au plus petit cultivateur, un livre à la lecture facile et surtout compréhensible.

Extrait de la table des matières. — Quels sont les terrains qui ont besoin d'être drainés. — De la fabrication des tuyaux, leur longueur, largeur et épaisseur. — Préparation d'une bonne matière pour la confection des tuyaux. — Machine à étirer les tuyaux, préparation de l'argile. — De la cuisson des tuyaux, des travaux préparatoires, nivellement des tranchées, circulation de l'air à travers les tuyaux. — De la quantité d'eau qui s'écoule par les drains, etc.

DROIT MARITIME INTERNATIONAL ET COMMERCIAL (*Notions pratiques de*), par Alph. Doneaud, professeur à l'École navale. *Aide-mémoire de l'officier de marine*, marine militaire et marine marchande. 1 volume. . . . . 3 fr.

Les derniers traités de commerce ont augmenté dans des proportions considérables les relations internationales. Cet ouvrage de M. Doneaud devient donc d'une grande utilité pratique. Nous ajouterons que ce livre commence une série de volumes dont l'ensemble formera, dans notre bibliothèque, l'*Aide-mémoire* de l'officier de marine.

Extrait de la table des matières. — De la mer et des fleuves. — Droit international en temps de paix. — Droit commercial. — Droit maritime international en temps de guerre. — Documents officiels. — Bibliographie des principaux ouvrages à consulter pour le droit des gens en général, le droit international maritime et le droit commercial.

DYNAMITE et **AGENTS EXPLOSIFS**. 1 volume. — **En préparation.** —

E

ÉCOLES DE FRANCE (*Les grandes*). Écoles militaires, Écoles civiles, par MORTIMER D'OCAGNE. 3e édit. 1 volume . . . . 3 fr.

ÉCONOMIE DOMESTIQUE (*Guide pratique d'*), publié sous forme de dictionnaire, contenant des notions d'une *application journalière* : chauffage, éclairage, blanchissage, dégraissage, préparation et conservation des substances alimentaires, boissons, liqueurs de toutes sortes, cosmétiques, hygiène, par le docteur B. LUNEL. 1 vol. 2 fr.

ÉCURIES et **ÉTABLES** (Voir Habitations des animaux, page 37).

ÉLECTRICIEN (*L'Ingénieur*). Guide pratique de la construction et du montage de tous les appareils électriques à l'usage des amateurs, ouvriers et contremaîtres électriciens, par H. de GRAFFIGNY. 1 vol. illust. de 109 fig. 4 fr.

Extrait de la table des matières. — Première partie. — Histoire de l'électricité. — Producteurs chimiques d'électricité. — Piles. — Accumulateurs. — Producteurs mécaniques d'électricité. — Machines électriques. — Unités et mesures, appareils et étalons électriques. — Moteurs pour la production de l'électricité. — Câbles et conducteurs.

Deuxième partie. — Histoire de la lumière électrique. — Constructions et installations de lampes électriques. — Force motrice, sonneries et allumoirs électriques. — Electro-chimie et électro-métallurgie. — Télégraphie électrique. — La téléphonie.

Troisième partie. — Récréations électriques. — La maison d'un électricien. — Applications domestiques. — Procédés et recettes utiles, secrets d'atelier. — Revue générale et conclusion.

ÉLECTRICIEN (*Guide pratique de l'ouvrier*). 1 volume. — **En préparation.** —

ÉLECTRICITÉ (*Leçons élémentaires d'*) ou exposition concise des principes généraux de l'ÉLECTRICITÉ ET DE SES APPLICATIONS, par SNOW-HARRIS, annotées et traduites par E. GARNAULT, professeur de physique à l'École navale. 1 volume avec 72 figures dans le texte . . . . 3 fr.

Les leçons de M. Snow-Harris ont eu un grand succès en Angleterre. L'auteur s'est surtout attaché à donner des idées saines, pratiques et théoriques sur les principes généraux de l'électricité et les faits les plus simples qu'il démontre à l'aide d'expériences faciles à répéter.

Le traducteur, qui est lui-même un professeur distingué, a ajouté à l'ouvrage anglais des notes dans lesquelles il donne surtout des aperçus sur les principales applications de l'électricité dans l'industrie.

ENGRENAGES (*Traité pratique du tracé et de la construction des*), de la vis sans fin et des cames, par F.-G. Dinée, mécanicien de la marine, ex-élève de l'École des arts et métiers de Châlons-sur-Marne. 1 vol. et 17 pl. 3 50

Ce livre répond à un besoin, car depuis longtemps il manquait à toute bibliothèque industrielle ; c'est une œuvre de mécanique véritablement pratique.

Il se divise en trois chapitres :

1° Des courbes en usage dans la construction des engrenages ; 2° dimensions des détails et de l'ensemble des engrenages ; 3° tracé des engrenages, des vis sans fin, des cames.

ENTOMOLOGIE AGRICOLE (*Guide pratique d'*), et petit traité de la destruction des insectes nuisibles, par H. Gobin. 1 volume orné de 42 figures, 2e édit. 4 fr.

Figure spécimen du *Guide d'entomologie agricole.*

Ce traité, d'une lecture attrayante, possède un grand fonds de science. Il se compose de lettres familières adressées à un nouveau propriétaire rural. Tous les insectes qui s'attaquent aux champs et à leurs produits et aux animaux y sont passés en revue, et, ce qui est mieux encore, l'auteur a indiqué le moyen de se débarrasser de cette engeance envahissante. Le livre est terminé par des nomenclatures scientifiques avec les noms français.

ENTREPRISES COMMERCIALES (*Manuel des*). 1 volume. — **En préparation.** —

ÉPICERIE (*Guide pratique de l'*), ou Dictionnaire des denrées indigènes et exotiques, comprenant : l'étude, la description des objets consommables ; les moyens de constater leurs qualités, leur nature, leur valeur réelle ; les procédés de préparation, d'amélioration et de conservation des denrées, etc. ; contenant, en outre, la fabrication des liqueurs, le collage des vins, et enfin les procédés de fabrication d'une foule de produits que l'on peut ajouter au commerce de l'épicerie, par le docteur B. LUNEL. 1 volume 3 fr.

Le commerce de l'épicerie et des denrées indigènes et exotiques d'un usage journalier est l'un des plus importants et des plus utiles pour la société. Il était regrettable que cette branche si étendue du commerce n'ait pas encore son livre spécial. Sans doute on trouve dans nombre d'ouvrages l'histoire des denrées indigènes et exotiques. Réunir sous forme de dictionnaire toutes ces données éparses, afin de faciliter les renseignements, tel a été le but que s'est proposé le docteur Lunel en publiant son livre sur l'épicerie.

ETHNOGRAPHIE (⁂ *Manuel pratique d'*), ou description des races humaines ; les différents peuples, leurs caractères naturels, leurs caractères sociaux, divisions et subdivisions des différentes races humaines, par J. D'OMALLIUS D'HALLOY. 5e édition. 1 volume avec une planche représentant les principaux types . . . . . 4 fr.

Extrait de la table des matières. — De l'ethnographie en général. — De la race blanche. — Du rameau européen, du rameau arménien, du rameau scytique. — De la race brune, du rameau éthiopien, du rameau indou, du rameau indochinois, du rameau malais. — De la race rouge, du rameau hyperboréen, du rameau mongol, du rameau sinique. — De la race noire. — Des hybrides. — Tableaux de la division du genre humain ou races, rameaux, familles et peuples.

EXPROPRIÉS POUR CAUSE D'UTILITÉ PUBLIQUE (*Manuel pratique et juridique des*), suivi de deux tableaux donnant le chiffre de la valeur du mètre de terrain dans Paris, et faisant connaître les principales indemnités accordées aux industriels, négociants et commerçants expropriés, par Victor EMION, avocat à la Cour de Paris, ancien sous-préfet. 1 volume . . . . . . 1 fr.

F

FALSIFICATIONS (*Guide pratique pour reconnaître les*), ou Dictionnaire des falsifications des substances alimentaires (aliments et boissons), contenant : la description de *l'état naturel ou normal des substances alimentaires* et leur *composition chimique*, les moyens de constater leur nature, leur valeur réelle; les altérations spontanées, accidentelles, qu'elles peuvent subir, et les moyens de les prévenir; les altérations et falsifications qui les dénaturent, c'est-à-dire qui en modifient l'aspect, la saveur, les propriétés nutritives, et qui les rendent souvent dangereuses; enfin les moyens chimiques de rendre sensibles les altérations, falsifications et contrefaçons des diverses substances alimentaires, par le docteur Lunel. 2° édit. 1 volume. 4 fr.

FÉCULIER et de l'**AMIDONNIER** (*Guide pratique du*), suivi de la conversion de la fécule et de l'amidon en dextrine sèche et liquide, en sirop de glucose, sirop de froment, sirop impondérable; en sucre de raisin, sucre massé, sucre granulé et cassonade, en vin, bière, cidre, alcool et vinaigre, ainsi que leur application dans beaucoup d'autres industries, par L.-F. Dubief. 3e édition. 1 volume avec gravures dans le texte . . . . 4 fr.

Extrait de la table des matières. — Première partie. — Aperçu historique. — Des substances qui contiennent la fécule. — Composition et conservation de la pomme de terre. — Extraction de la fécule. — Lavage, râpage, tamisage, épuration, séchage, blutage. — Des résidus de la pomme de terre. — Du blanchiment de la fécule. — Rendement de la pomme de terre en fécule. — Conservation, vente et falsification. — Caractères et propriétés de la fécule.

Dans la deuxième partie, l'auteur donne la description des procédés à suivre pour fabriquer les amidons.

La troisième et dernière partie vient compléter les deux premières par les renseignements les plus récents.

Dans cet ouvrage, l'auteur s'est appliqué à dégager son texte de toute gêne scientifique; il a été clair et précis pour mettre son enseignement à la portée de toutes les instructions. Pour chaque sujet, il est entré dans des développements minutieux en indiquant souvent ces tours de mains si indispensables, et que seule, la pratique ordinairement peut apprendre.

FER (*Le*). *Guide pratique du métallurgiste*, son histoire, ses propriétés et ses différents procédés de fabrication, par William Fairbairn, ingénieur civil, membre de la Société royale de Londres, correspondant de l'Institut de France, etc., ouvrage traduit de l'anglais, avec l'approbation de l'auteur, et augmenté de notes et d'un appendice, par M. Gustave Maurice, ingénieur civil des mines. 1 volume avec 68 figures dans le texte . . . . 4 fr.

Depuis longtemps, le nom de M. Fairbairn fait autorité dans l'industrie du fer. Après avoir tracé l'histoire des progrès de la fabrication du fer, l'auteur donne les analyses des minerais et des combustibles dans leurs rapports avec les résultats des différents procédés de fabrication. M. Maurice a complété sa traduction par des notes et un appendice. Il a éliminé tout ce que le texte original pouvait présenter de trop exclusivement rédigé en vue de la métallurgie anglaise.

Extrait de la table des matières. — Histoire de la fabrication du fer. — Les minerais des différentes parties du monde. — Les combustibles : charbon de bois, tourbe, coke, houille. — Production des combustibles dans le monde entier. — Réduction des minerais. — Transformation de la fonte en fer. — Des machines employées pour forger le fer. — La forge. — Le procédé Bessemer. — Fabrication de l'acier. — Trempe et recuite de l'acier. — De la résistance et des autres propriétés mécaniques de la fonte, du fer et de l'acier. — Composition chimique de la fonte. — Statistique de l'industrie sidérurgique, etc.

FERMENTS ET FERMENTATIONS. *Travailleurs et malfaiteurs microscopiques*, par I.-A. Rey. 1 volume avec figures . . . . 4 fr.

Microbes de l'eau

Extrait de la table des matières. — Fermentation alcoolique. — Saccharomyces. — Le vin, la bière, le pain, l'alcool de grain, boissons fermentées. — Ferments des maladies du vin. — Fermentations par oxydation, lactique, caséique, putrides, butyrique. — Microbes des maladies contagieuses. — Microbes coloristes.

G

GÉOGRAPHIE (*Traité de*) physique, ethnographique et historique à l'usage des artistes, des écoles d'architecture et des gens du monde, par O. Lescure, professeur à l'École centrale d'architecture. 1 volume. 3 fr.

Ce traité est le développement du programme de géographie sur lequel sont interrogés les candidats à l'Ecole spéciale d'architecture.

GÉOLOGUE (*Manuel du*), par Dana, traduit et adapté de l'anglais par W. Houtlet. 1 volume avec 363 figures. 2e édition. . . . . 4 fr.

Table des matières. — *Introduction*. — *Géologie physiographique*. — Traits généraux de la surface terrestre. — Système des formes terrestres. — *Géologie lithologique*. — Constitution des roches. — Condition et structure des masses rocheuses. — Règne animal. — Règne végétal. — *Géologie historique*. — Age archéen. — Temps paléozoïque. — Temps mésozoïque. — Temps cénozoïque — Ere de l'intelligence. — *Observations générales sur l'histoire géologique*. — Durée des temps géologiques. — Progrès de la vie. — *Géologie dynamique*. — Vie. — Atmosphère. — Eau. — Chaleur. — Mouvements dans la croûte terrestre et leurs conséquences. — *Appendice*. — Instruments de géologie. — Échantillons.

Gravure spécimen du *Manuel du Géologue*.

GÉOMÈTRE ARPENTEUR (*Guide pratique du*), comprenant l'arpentage, le nivellement, le levé des plans et le partage des propriétés agricoles, avec un appendice sur le calcul des solides; 3e édition, entièrement refondue, par P.-G. Guy, ancien élève de l'Ecole polytechnique, officier d'artillerie. 1 volume avec 183 figures. . . . 4 fr.

L'auteur, en publiant cet ouvrage, a eu pour intention d'en faire un *vade-mecum* utile aux ingénieurs, aux conducteurs des ponts et chaussées, aux agents voyers, géomètres, arpenteurs, etc. Son format portatif permet de pouvoir le consulter sur le terrain ; il est un abrégé d'un grand nombre d'ouvrages encombrants, dont il présente toutes les données nécessaires pour connaître et vérifier la contenance des pièces de terre et pour en construire un plan exact.

GÉOMÉTRIE ÉLÉMENTAIRE (*Leçons de*), par Ch. Rozan, professeur de mathématiques. 1 volume avec un atlas de 31 planches doubles. Le volume, 4 fr.; l'atlas, 2 fr.; l'ouvrage complet. . . . . 6 fr.

En résumant les principes essentiels de la géométrie élémentaire, ceux qui conduisent directement à la mesure des lignes, des surfaces et des corps, l'auteur s'est attaché surtout à faire sentir la liaison qui existe entre ces principes, la manière dont ils découlent les uns des autres par un enchaînement continuel de déductions et de conséquences. Il s'est donc attaché à couper le discours aussi peu que possible, et à dire d'une seule traite tout ce qui se rattache à un même ordre de questions. Il le dit très brièvement, pour ne pas fatiguer l'attention ou faire perdre de vue le point de départ ; cette rapidité des démonstrations n'a cependant rien ôté à leur clarté.

H

HABITATIONS DES ANIMAUX (✻ *Guide pratique pour le bon aménagement des*), par E. Gayot, membre de la Société centrale d'Agriculture de France. Cet ouvrage se compose de 2 parties.

1re partie : ✻ les **ÉCURIES ET LES ÉTABLES**. 1 volume avec 63 figures. 3 fr.

2e partie : ✻ les **BERGERIES ET LES PORCHERIES**, les habitations des animaux de la basse-cour, clapiers, oiselleries et colombiers. 1 volume avec 65 figures . . . 3 fr.

Aucun animal ne saurait être développé dans ses facultés natives, dans ses aptitudes propres, et produire activement dans le sens de ces dernières, si on ne le place dans les meilleures conditions d'alimentation, de logement, de multiplication. M. Gayot, avec l'autorité d'une longue expérience, a réuni dans ces deux volumes les conditions générales d'établissements et les dispositions particulières aux diverses espèces d'animaux.

1re partie. — **Écuries et Étables.** *Extrait de la table des matières.* — Le sujet à vol d'oiseau. — Des effets de l'air pur et de l'air vicié sur l'économie animale. — L'aération : les portes et fenêtres, barbacanes et ventilateurs. *Dispositions particulières aux diverses espèces* : les dimensions intérieures, encore les portes et fenêtres, de l'aire des écuries, le plancher supérieur des écuries, arrangement intérieur et ameublement des écuries, les séparations, les boxes, établissements spéciaux, la température des écuries. *Les étables de l'espèce bovine* : l'aération, l'aire des étables, les dimensions et l'aménagement intérieurs, les boxes, règle d'hygiène générale, établissements spéciaux.

2e partie. — **Les Bergeries** : de l'habitation en plein air, le parc des champs, le parc domestique, les abris brise-vent. — De l'habitation couverte : conditions particulières à l'établissement des bergeries, les portes et fenêtres, l'aération, les bâtiments, les aménagements intérieurs, auges et râteliers. — La Porcherie : les conditions spéciales, la construction, les portes et fenêtres, les aménagements essentiels, les auges, dispositions particulières de l'ensemble. — *Les habitations de la basse-cour* : l'habitation du dindon, l'habitation de l'oie, la demeure du canard, le colombier et la volière, la faisanderie, etc., etc.

HERBORISEUR (✳ *Manuel de l'*). Comment on devient botaniste. — Clefs analytiques. — Description des genres et des espèces, suivie d'un vocabulaire. par E. GRIMARD. 6e édition. 1 volume . . . . 4 fr.

HYDRAULIQUE ET D'HYDROLOGIE souterraine et superficielle (*Guide pratique d'*), ou traité de la science des sources, de la création des fontaines, de la captation et de l'aménagement des eaux pour tous les besoins agricoles et industriels, par LAFFINEUR. 1 volume avec figures . . . . 3 fr. 50

HYDRAULIQUE URBAINE ET AGRICOLE (*Guide pratique d'*). LAFFINEUR, ingénieur civil. 1 volume. — **Epuisé**. —

HYGIÈNE ET DE MÉDECINE USUELLE (*Guide pratique d'*), complété par le traitement du *choléra épidémique*, par Victor LUNEL. 1 volume . . . . . . 2 fr.

Ce livre ne s'adresse à aucune spécialité de lecteurs et convient à tout le monde. Il se subdivise en hygiène privée et en hygiène publique.

Figure spécimen de *Habitations des animaux*. (Voir page 37.)

I

INGÉNIEUR AGRICOLE (*Guide pratique de l'*). Hydraulique, dessèchement, drainage, irrigation, etc.; suivi d'un appendice contenant les lois, décrets, règlements et instructions ministérielles qui régissent ces matières, etc., par Jules LAFFINEUR, ingénieur civil et agronome, membre de plusieurs sociétés savantes. 1 volume avec figures et 3 planches. . . . . 3 fr.

Extrait de la table. — Classification des terrains. — Travaux de dessèchement, évaporation, infiltration. — Jaugeage des sources, des ruisseaux et rivières. — Tracé des canaux. — Description des procédés de dessèchement, colmatage, limonage, du drainage. — Irrigation, établissement d'un système d'irrigation. — Murs de soutènement des canaux, revêtements, radiers, déversoirs, barrage, siphon. — Des diverses méthodes d'arrosage. — Mise en culture des terrains à grandes pentes. — Jurisprudence rurale.

INGÉNIEUR ÉLECTRICIEN (Voir Électricien, page 31).

INTRODUCTION A L'ÉTUDE DES BEAUX-ARTS, par CARTERON. 1 volume. — **En préparation.**

EXTRAIT DE LA TABLE DES MATIÈRES : *La Peinture.* — Étude pratique et raisonnée du dessin.

Genres différents de la Peinture. — Peinture d'histoire et peinture religieuse. — Peinture de genre. — Portrait. — Paysage.

Histoire de la Peinture et aperçu des différentes écoles. — Sculpture e statuaire. — Histoire de la sculpture. — L'Architecture. — Les Artistes.

INTRODUCTION A L'ÉTUDE DE LA CHIMIE (Voir Chimie, page 23).

INTRODUCTION A L'ÉTUDE DE LA PHYSIQUE (Voir Physique, page 51).

INVENTEURS en France et à l'Étranger (*Les droits des*). Conseils généraux. — Brevets d'invention. — Péremption. — Vente. — Licences. — Exploitation. — Géographie industrielle. — Marques de fabrique. — Dessins. — Objets d'utilité, par H. DUFRENÉ, ingénieur civil, ancien élève de l'École des arts et manufactures. 1 volume . . . . 3 fr.

J

JARDINAGE (✻ *Manuel pratique de*), contenant la manière de cultiver soi-même un jardin ou d'en diriger la culture. 9e édition, par Courtois-Gérard, marchand grainier, horticulteur. 1 volume avec 1 planche et de nombreuses figures dans le texte . . . . 4 fr.

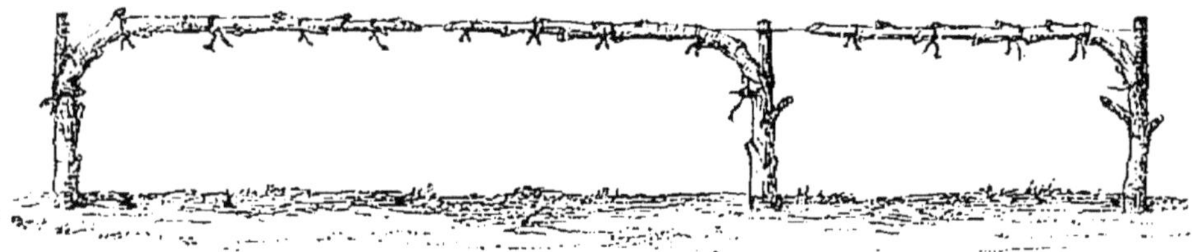

Gravure spécimen du *Manuel de jardinage.*

Nous renvoyons à la note accompagnant le *Manuel de culture maraîchère*, pour les titres de M. Courtois-Gérard, à la confiance publique. Dans le *Manuel du jardinier*, les jardiniers de profession trouveront des conseils, des détails nouveaux et des renseignements pratiques qu'ils peuvent ignorer ; le propriétaire et l'amateur de jardin y puiseront des instructions précises et claires qui leur éviteront toute espèce de méprises et d'erreurs.

Sommaire des principaux chapitres :

Dispositions générales d'un jardin potager. — Calendrier. — Travaux de chaque mois. — Les outils. — Les défoncements. — Les fumiers. — Les arrosements. — Les couches. — Semis. — Repiquages. — Marcottes. — Boutures. — De la greffe. — De la conservation des plantes. — Les maladies des plantes potagères. — La culture des arbres fruitiers. — La culture des arbres d'agrément. — Destruction des animaux nuisibles, etc.

JOAILLIER (*Guide pratique du*), ou Traité complet des pierres précieuses, leur étude chimique et minéralogique, les moyens de les reconnaître sûrement, leur valeur approximative et raisonnée, leur emploi, la description des plus extraordinaires des chefs-d'œuvre anciens et modernes auxquels elles ont concouru, par Ch. Barbot, ancien joaillier, inventeur du procédé de décoloration du diamant brut, membre de plusieurs sociétés savantes. 1 vol. avec 3 planches renfermant 178 figures représentant les diamants les plus célèbres de l'Inde, du Brésil et de l'Europe, bruts et taillés, et les dimensions exactes des brillants et roses en rapport avec leur poids, depuis un carat jusqu'à cent carats. Nouvelle édition, revue, corrigée et annotée par Ch. Baye. 1 vol. . . . 4 fr.

L

LAINE peignée, cardée, peignée et cardée (*Traité pratique de la*), contenant : 1re *partie*, mécanique pratique, formules et calculs appliqués à la filature : 2e *partie*, filature de la laine peignée, cardée peignée, sur la Mull-Jenny ; 3e *partie*, filage anglais et français sur continu ; 4e *partie*, laine cardée, par Charles LEROUX, ingénieur mécanicien, directeur de filature. 1 volume avec 32 figures dans le texte et 4 planches. . . . . 15 fr.

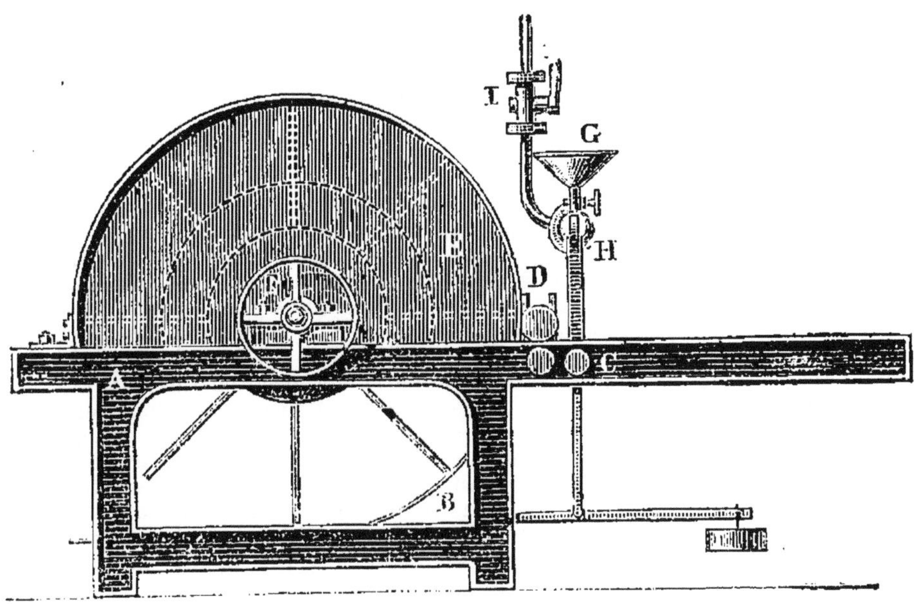

Figure spécimen du *Traité de la Laine.*

Extrait de la table des matières. — Choix d'un moteur. — Transmissions. — Arbres de couche. — Courroies. — Poulies. — Engrenages. — Frottements. — Force des moteurs. — Leviers. — Fabrication. — Triage des laines. — Caractères des laines. — Main-d'œuvre du triage. — Battage. — Nettoyage des laines. — Dessuintage. — Dégraissage. — Graissage des laines. — Disposition mécanique d'un assortiment de cardes. — Aiguisement des garnitures. — Bourrage des garnitures. — Cardages. — Passage au Gill-Box. — Lissage et dégraissage des rubans. — Peignage des laines. — Préparation des laines pour filage français. — Les différents passages. — Filage français sur Mull-Jenny.

LAPINS (✳ *Guide pratique de l'éducation des*), ou Traité de la race cuniculine, suivi de l'Art de mégisser leurs peaux et d'en confectionner des fourrures, par MARIOT-DIDIEUX. 3e édition. 1 volume . . . . . . 2 fr. 50

L'industrie de l'éducation de la race cuniculine est créée et elle marche vers le progrès. C'est dans le but de la voir se propager dans les campagnes que l'auteur a publié cette nouvelle édition de son *Guide pratique*, en l'enrichissant d'un grand nombre de données nouvelles. En résumé, l'auteur démontre qu'aucune viande ne peut être produite à aussi bon marché que celle du lapin. En terminant sa préface, il adjure les habitants des campagnes de se livrer à l'éducation des lapins, parce qu'ils y trouveront, sans beaucoup de soins, une source abondante de bien-être.

LÉGISLATION PRATIQUE (※ *Premiers principes de*), appliquée au Commerce, à l'Industrie et à l'Agriculture, par Maurice Block. 2e édit. 1 volume. . . . 4 fr.

LIQUEURS (*Traité de la fabrication des*) françaises et étrangères, sans distillation. 6e édition, augmentée de développements plus étendus, de nouvelles recettes pour la fabrication des liqueurs, du kirsch, du rhum, du bitter, la préparation et la bonification des eaux-de-vie et l'imitation de celles de Cognac, de différentes provenances, de la fabrication des sirops, etc., etc., par L.-F. Dubief, chimiste œnologue. 1 volume. . . . . 4 fr.

Ce traité est formulé en termes clairs et familiers ; la personne la moins expérimentée dans l'art du distillateur, qui en lira attentivement les préceptes, pourra, sans aucun guide, devenir un bon fabricant après quelques essais.

Sommaire de quelques chapitres : — De la composition des liqueurs. — Quantités d'alcool, de sucre et d'eau, pour les différentes classes de liqueurs. — Des teintures aromatiques. — Des infusions. — De la coloration des liqueurs. — Du mélange. — Du perfectionnement des liqueurs par le tranchage. — Du collage des liqueurs. — De la filtration. — De la conservation des liqueurs. — Règle générale pour bien opérer la fabrication des liqueurs. — Considérations à observer. — Des spiritueux aromatiques non sucrés. — Emploi des écumes et des eaux provenant du lavage des filtres. — Formules et préparations des sirops. — De l'alcool. — Du coupage ou mouillage des alcools. — Des eaux-de-vie. — Opérations d'eaux-de-vie à tous les titres avec les alcools d'industrie. — Résumé pour les liqueurs, les eaux-de-vie et les alcools. — Appendice. — L'auteur termine cet ouvrage par une liste des principaux marchés des eaux-de-vie, esprits, etc.

LIQUORISTE DES DAMES (*Le*), ou l'art de préparer en quelques instants toutes sortes de liqueurs de table et des parfums de toilette avec toutes les fleurs cultivées dans les jardins, suivi de procédés très simples et expérimentés pour mettre les fruits à l'eau-de-vie, faire des liqueurs et des ratafias, des vins de dessert, mousseux et non mousseux, des sirops rafraîchissants, etc., par L.-F. Dubief. 1 volume avec figures dans le texte. 3 fr.

Ce que nous avons dit des autres ouvrages de M. Dubief nous dispense de nous étendre sur celui-ci. C'est aux dames qu'il est adressé, et l'accueil qu'il a obtenu prouve suffisamment combien il est utile dans toute bibliothèque de ménage.

M

* **MAÇONNERIE** — Guide pratique du Constructeur — par A. DEMANET, lieutenant-colonel honoraire du génie, membre de l'Académie royale de Belgique, etc. 1 volume avec tableaux, accompagné de 20 planches doubles renfermant 137 figures gravées sur acier. . . . . 5 fr.

Extrait de la table des matières. — Des tracés. — Des mortiers et mastics. — Des appareils. — De l'exécution des maçonneries. — Echafaudages et cintres. — Outils et appareils. — Décintrements, charges, jointoiement. — Des épaisseurs à donner aux maçonneries. — Évaluations des travaux de maçonnerie. — Travaux divers. — Travaux d'entretien et de restauration. — De l'organisation des chantiers, etc.

MAISON (** *Comment on construit une*), par VIOLLET-LE-DUC. 1 volume avec 62 dessins par l'auteur. 5e édition. . . . . 4 fr.

Gravure spécimen de *Comment on construit une maison*. (Voir page 43.)

Extrait de la table des matières. — Plantations de la maison et opérations sur le terrain. — La construction en élévation. — La visite au chantier. — — L'étude des escaliers. — Ce que c'est que l'architecture. — Etudes théoriques. — La charpente. — La fumisterie. — La menuiserie. — La couverture et la plomberie. — L'inauguration de la maison.

MANGANÈSES (Voir Potasses, page 54).

MARCHANDISES (*La liberté et le courtage des*), par V. EMION. Commentaire pratique de la loi du 18 juillet 1866. — **Épuisé.** —

MARCHANDISES (Voir Exploitation des chemins de fer, page 23).

MARÉCHALERIE-FERRURE. 1 volume. — **En préparation.** —

MATIÈRES INDUSTRIELLES (*Guide pratique pour l'essai des*), d'un emploi courant dans les usines, les chemins de fer, les bâtiments, la marine, etc., à l'usage des ingénieurs, manufacturiers, architectes, officiers de marine, etc., par Jules GAUDRY, chef du laboratoire des essais au chemin de fer de l'Est. 1 volume avec 37 figures et nombreux tableaux. . . . . 4 fr.

SOMMAIRE DES PRINCIPAUX CHAPITRES : PREMIÈRE PARTIE. — *Principes généraux de l'essai chimique.* — I. Composition et décomposition des corps. — II. Principes fondamentaux de l'analyse. — III. Manipulations chimiques. — IV. Marche de l'analyse. — DEUXIÈME PARTIE. — *Méthode d'essai des principales substances d'emploi courant.* — TROISIÈME PARTIE. *Tableaux :* Tableau A. Des principaux corps simples. — B. Division des bases en cinq groupes. — C. Division des acides en trois groupes. — D. Décomposition de l'eau par les métaux. — E. Analyse de l'eau. — F. États des incinérations. — G. Degré oléométrique des huiles. — H. Tableau comparatif des principaux métaux industriels. — Appareils divers pour les essais.

MÉCANICIEN (✻ *Guide pratique de l'ouvrier*), ou la MÉCANIQUE DE L'ATELIER, par MM. Bonnefoy, Cochez, Dinée, Gibert, Guipont, Juhel et Ortolan, mécaniciens en chef et mécaniciens principaux de la marine de l'État. 3 volumes avec de nombreuses figures dans le texte et 53 planches. 3e édition revue, corrigée et considérablement augmentée par A. Ortolan. Chaque volume, 4 fr.; l'ouvrage complet. . . . . 12 fr.

Extrait de la Préface. — L'*Ouvrier mécanicien* est un recueil de faits réunis sous la forme de calculs arithmétiques accessibles à toutes les personnes qui savent faire les quatre premières règles. Nous ne saurions trop recommander aux ouvriers qui ne sont plus familiarisés avec les signes et les annotations mathématiques élémentaires, de ne pas croire qu'il y a pour eux quelque difficulté à comprendre les formules écrites dans ce livre et à s'en servir. Les calculs qu'elles résument sous la forme la plus simple sont suivis d'un ou de plusieurs exemples d'application.

Les parties du texte imprimées en caractères plus forts contiennent les indications simples et précises sur le plus grand nombre de cas d'application de la mécanique aux professions industrielles. Ces indications proviennent de l'expérience des ingénieurs et des constructeurs en renom et de celle des auteurs du livre.

Les parties du texte imprimées en petits caractères traitent le côté plus théorique que pratique des questions. On peut se dispenser de les étudier, si on ne veut trouver dans l'*Ouvrier mécanicien* que le secours d'un formulaire pour l'application immédiate.

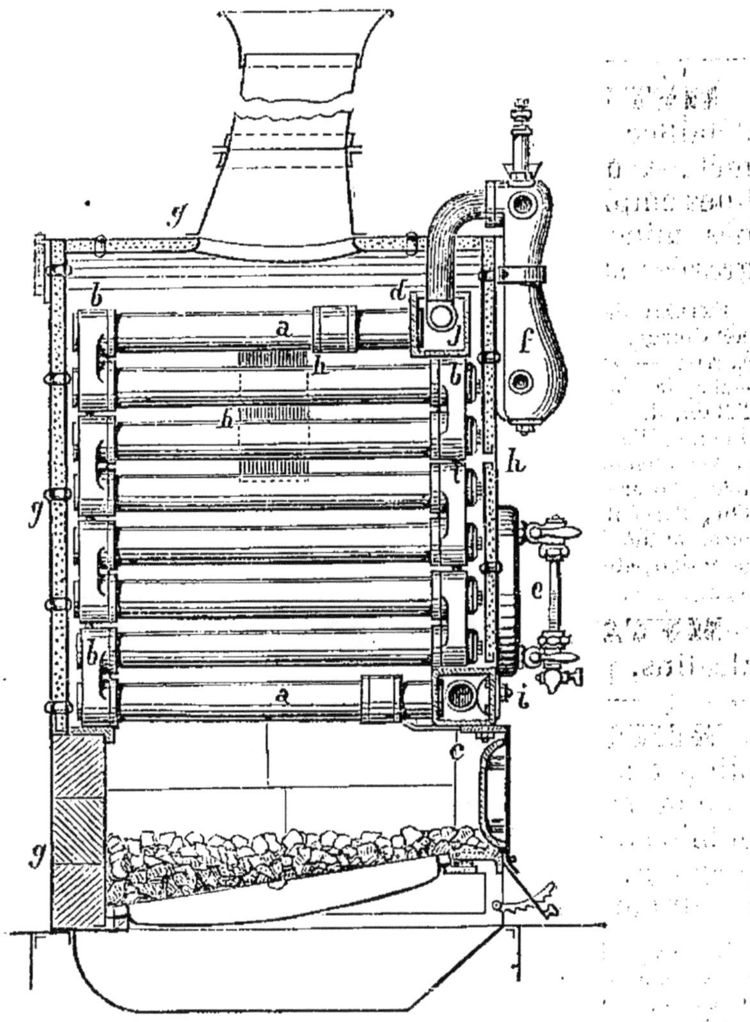

Figure spécimen du *Guide pratique de l'Ouvrier mécanicien*.

Principales divisions de l'ouvrage: Arithmétique. — Algèbre pratique. — Géométrie pratique. — Mécanique élémentaire, forces, transformation des mouvements, résistance des matériaux. — Machines motrices à air, pompes, machines hydrauliques. — Machines à vapeur; de la chaleur, de la vapeur, condensateur, chaudières, données et renseignements divers.

Vingt-cinq tables numériques complètent les données pratiques sur les questions d'application.

MÉCANIQUE (*Introduction à l'étude de la*), par Louis Du Temple, capitaine de frégate en retraite. 1 volume. — **En préparation.** —

MÉDECINE USUELLE (Voir Hygiène et Médecine usuelle, page 38).

MÉTALLURGIE (*Guide pratique de*), ou exposition détaillée des divers procédés employés pour obtenir des métaux utiles, précédé du Dictionnaire des mots techniques employés en métallurgie et de l'essai de la préparation des minerais, par D. L., 1 volume avec 8 planches in-4 gravées sur cuivre comprenant plus de 100 figures . 4 fr.

Extrait de la table des matières : Définition et aperçu de l'histoire de la métallurgie. — Vocabulaire des mots techniques métallurgiques. — Première partie. — *De l'essai des minerais.* — Des essais mécaniques par la voie sèche, la voie humide, d'or, d'argent, de platine, de fer, de cuivre, de zinc, d'étain, de plomb, de plomb argentifère par la coupellation, de mercure, d'antimoine, d'arsenic, de bismuth. — Deuxième partie. — *De la préparation et du traitement des minerais.* — I. De la préparation des minerais; triage, criblage, bocardage, lavage, grillage. — II. Traitement métallurgique des minerais d'or, d'argent, de platine, de fer, de cuivre, de zinc, d'étain, de plomb, de mercure, antimoine, arsenic, bismuth, etc. — Préparation mécanique. — Amalgamation, etc., etc.

MÉTAUX ALCALINS (Voir Aluminium et Métaux alcalins, page 15).

MÉTÉOROLOGIE AGRICOLE (*Manuel de*) appliquée aux travaux des champs, à la physiologie végétale et à la prévision du temps, par F. Canu, météorologiste-publiciste et Albert Larbalétrier, diplomé de l'Ecole de Grignon, sous-directeur à la ferme-école de la Pilletière, 1 volume avec 3 figures et de nombreux tableaux. . 2 fr.

Extrait de la table des matières : *Notions préliminaires.* — *Chaleur :* Action de la chaleur sur le sol, échauffement, dessèchement, action de la chaleur sur la plante, évolution, action physique. — *Lumière :* Production de la chlorophylle, assimilation, transpiration, lumière du sol. — *Humidité de l'air.* — *Brouillard et rosée.* — *Pluie.* — *Froid.* — *Gelées.* — *La neige.* — *Vents.* — *Électricité.* — *Grêle.* — *Les éléments de l'air et le sédiment.* — *Instructions météorologiques.* — *Prévision du temps :* Prévision à longue et à courte échéance, prévisions des gelées nocturnes. — *Tableaux divers.*

MÉTIERS MANUELS (*Le livre des*), répertoire des procédés industriels, tours de main et ficelles d'atelier, recettes nouvelles et inédites, méthodes abréviatives de travail recueillies en vue de permettre aux amateurs, manufacturiers, ouvriers des petites villes et des campagnes d'exécuter aussi bien que les ouvriers spécialistes de Paris tous les travaux usuels d'une utilité journalière, par J.-P. HOUZÉ. 1 volume avec 5 planches hors texte comprenant de nombreux dessins techniques . . . . . . 4 fr.

MINÉRALOGIE USUELLE (*Guide pratique de*). Exposition succincte et méthodique des minéraux, de leurs caractères, de leur composition chimique, de leurs gisements, de leur application aux arts et à l'industrie, par M. DRAPIEZ. 1 volume . . . . 3 fr.

A la lucidité des définitions et à la simplicité de la méthode d'exposition, ce guide joint un mérite qui n'échappera pas aux hommes pratiques ; il contient la description des 1,500 espèces minérales dont il analyse les caractères distinctifs, la forme régulière et la forme irrégulière, les propriétés particulières, les compositions chimiques et les synonymies, les gisements, les applications dans les arts, dans l'industrie, etc.

MINÉRALOGIE APPLIQUÉE (*Guide pratique de*), histoire naturelle inorganique ou connaissance des combustibles minéraux, des pierres précieuses, des matériaux de construction, des argiles céramiques, des minerais manufacturiers et des laboratoires, des minerais de fer, de cuivre, de zinc, de plomb, d'étain, de mercure, d'argent, d'antimoine, d'or, de platine, etc., par A.-F. NOGUÈS, professeur de sciences physiques et naturelles. 2 vol. avec 248 figures. Chaque volume, 4 fr.; l'ouvrage complet. 8 fr.

Cet ouvrage a été écrit principalement pour les personnes qui désirent acquérir des notions justes, pratiques et usuelles sur les minerais métallifères et les minéraux employés dans les arts et l'industrie. Les étudiants qui suivent les cours des Facultés, les élèves des Écoles spéciales et industrielles, les ingénieurs, les élèves des Écoles des mines, les mineurs, les agriculteurs, les directeurs d'exploitations minières, les gardes-mines, les amateurs et les gens du monde qui voudront acquérir des connaissances pratiques en minéralogie, le consulteront avec fruit.

Ce guide a été conçu dans un esprit essentiellement pratique et industriel. M. Noguès, en publiant cet ouvrage, a voulu offrir au public le cours de minéralogie qu'il professe avec tant de succès à l'École centrale des arts et manufactures de Lyon. — Nous ne donnons pas ici la table des matières contenues dans l'œuvre de M. Noguès, elle est trop considérable, mais nous indiquerons le titre des chapitres.

I. Définitions des termes et généralités. — II. Caractères géométriques des minéraux ou cristallogie. — Cristallogie comparée ou morphologie minérale. — Cristallogénie. — Caractères physiques, chimiques et géologiques des minéraux. — Classification des minéraux. — Description des espèces minérales. — Appendice au carbone. — Organolithes. — Classifications.

N

NATURALISTE (*Manuel du*). — Zoologie, par Agassiz et Gould. Traduit par Élisée Reclus. 1 volume. — **En préparation.** —

O

OCTROIS (*Nouveau manuel des*), par E. Laffolay, inspecteur de l'octroi en retraite. 1 volume avec tableaux . . . . 4 fr.

Observations concernant la rédaction des procès-verbaux. — Formulaire pour la rédaction des procès-verbaux les plus usuels en matière d'octroi, en matière de contributions indirectes et d'octroi et en matière de contributions indirectes inclusivement.

OIES et **CANARDS** (*Guide pratique de l'éducation lucrative des*), par Mariot-Didieux, vétérinaire. 1 volume. . . . . 2 fr. 50

Les ouvrages de M. Mariot-Didieux sont au premier rang parmi ceux qui enrichissent notre bibliothèque. Aussi voulons-nous, pour en mieux faire ressortir le mérite, donner ici le sommaire des principaux chapitres.

1° *L'oie.* — Histoire naturelle. — Races françaises, petite race, grosse race et leurs variétés au nombre de cinq. Races étrangères; elles sont au nombre de douze.— Produits de l'oie, du plumage, de la multiplication, des accouplements, de la ponte, de l'incubation. — Eclosion, nourriture des oisons, nourriture ordinaire des oies. — Logement. — Engraissement. — Foies gras. — Manière de tuer les oies. — Commerce, vente, mégissage des peaux d'oies pour fourrures, — Maladies, hygiène.

2° *Du Canard.* — Histoire naturelle, mœurs. — Races françaises; elles sont au nombre de quatre. — Races étrangères ; on en compte onze principales. — De la ponte. Manière d'augmenter la ponte. — De l'incubation naturelle. — Des canards mulets. — Nourriture et élevage des canetons, engraissement. — Vente des canetons. — Comment on doit tuer le canard. — Du plumage. — Habitation. — Maladies. — Hygiène, etc.

OSTRÉICULTEUR (*Guide pratique de l'*), ou Culture des huîtres et procédés d'élevage et de multiplication des races marines comestibles, histoire naturelle des mollusques et des crustacés. — Causes du dépeuplement progressif des bancs d'huîtres. — Industrie et procédés actuels. — Construction des claires, parcs, viviers, etc. — Exploitation des claires. — Culture des moules. — Élevage des homards, langoustes, etc., par Félix FRAICHE, professeur de sciences mathématiques et naturelles. 1 volume avec figures dans le texte . . . . 3 fr.

Les chemins de fer et la navigation, en diminuant les distances, ont créé pour les races marines comestibles des débouchés qui leur avaient manqué jusqu'alors. De là et d'autres causes que M. Fraiche indique, l'appauvrissement des bancs d'huîtres. L'auteur, qui s'est inspiré des travaux de M. Coste, démontre que l'ostréiculture est une industrie facile à créer et à développer, et qui donne des résultats rémunérateurs à ceux qui savent l'exploiter.

Figure spécimen du *Guide de l'Ostréiculteur*.

P

PAPIER et du **CARTON** (*Guide pratique de la fabrication du*), par A. PROUTEAUX, ingénieur civil, ancien élève de l'École centrale des arts et manufactures, ancien directeur de papeterie. Nouvelle édit. 1 volume avec 8 planches. 4 fr.

EXTRAIT DE LA TABLE DES MATIÈRES. — Historique. — Matières premières. — Fabrication : triage, délissage, blutage, lavage et lessivage, défilage, égouttage, blanchiment, raffinage, collage, matières colorantes, travail de la machine à papier, de l'apprêt. — Fabrication du papier à la cuve ou à la main. — Classification des papiers. — Diverses substances propres à la fabrication du papier. — Papier de paille, papier de bois, papier d'alfa. — Papiers spéciaux. — Analyse chimique des matières employées en papeterie. — Matériel d'une papeterie. — Prix de revient, personnel, administration d'une papeterie. — Fabrication du carton. — Fabrication du papier en Chine et au Japon. — Considérations économiques. — Principaux brevets d'invention français relatifs à l'industrie du papier. — Prix des appareils et des principales matières employées en papeterie.

PARFUMEUR (*Guide pratique du*), dictionnaire raisonné des **cosmétiques et parfums**, contenant : la description des substances employées en parfumerie, les altérations ou falsifications qui peuvent les dénaturer, etc., les formules de plus de 500 préparations cosmétiques, huiles parfumées, poudres dentifrices dilatoires, eaux diverses, extraits, eaux distillées, essences, teintures, infusions, esprits aromatiques, vinaigres et savons de toilette, pastilles, crèmes, etc., par le docteur B. LUNEL. 1 volume rédigé sous forme de dictionnaire avec un appendice. . . . . 4 fr.

La parfumerie est une industrie qui, bien comprise et loyalement faite, se rattache d'un côté à l'hygiène et de l'autre est destinée à satisfaire des goûts et des sensations commandées par le luxe et une civilisation plus ou moins avancée.

M. Lunel divise la fabrication en trois classes : fabrique de parfumerie à bon marché, fabrique dont les produits sont coûteux, et enfin les fabriques mixtes, dans les vastes magasins desquelles ont trouve aussi bien les produits ordinaires que les produits extra-fins.

M. Lunel donne des renseignements précieux sur toutes ces préparations, et son livre a cela de précieux qu'il donne toutes les formules et les secrets de la fabrication.

PERSPECTIVE (*Théorie pratique de la*). Étude à l'usage des artistes peintres, des élèves des Ecoles des beaux-arts, des Écoles industrielles, etc., par V. PELLEGRIN, peintre. 1 volume avec 42 figures et 1 planche de 16 figures. . . . . 4 fr.

PHYSIQUE (* *Introduction à l'étude de la*), par Louis Du Temple, capitaine de frégate en retraite. 1 volume avec 146 figures, 2e édition . . . . 4 fr.

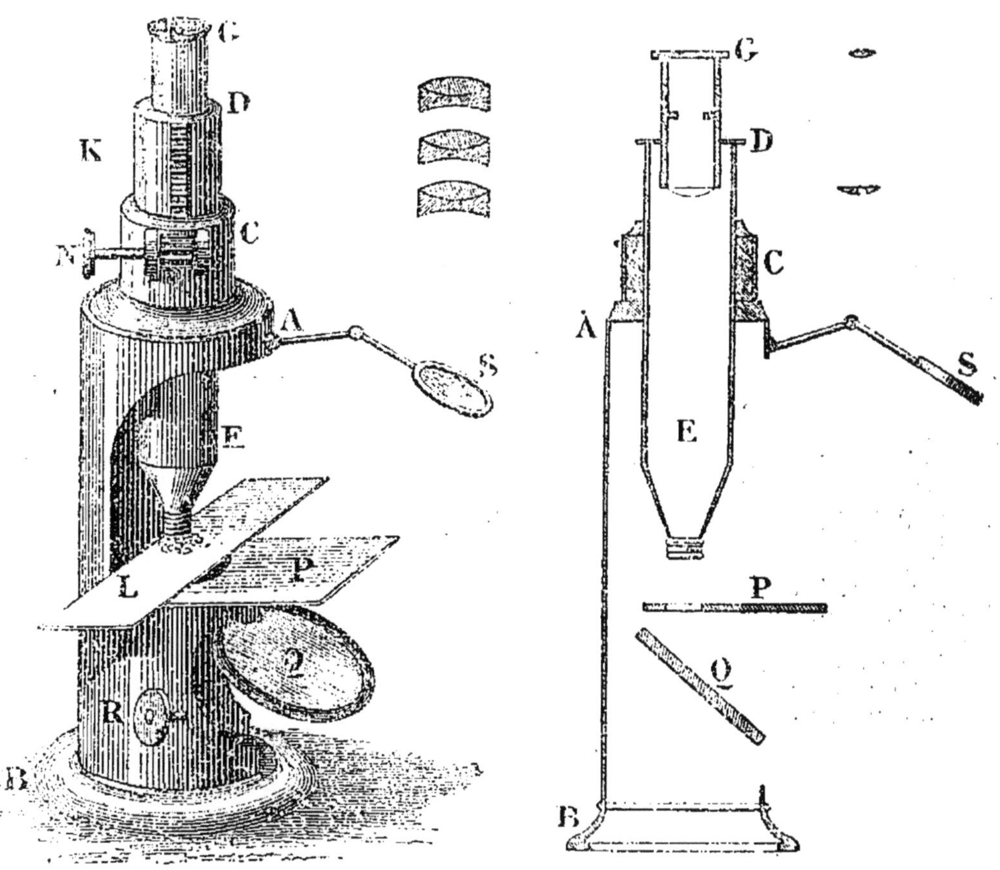

Figure spécimen de l'*Introduction à l'Étude de la physique.*

Sommaire des principaux chapitres : *Quelques définitions de chimie* : Éléments qui entrent dans la composition des corps. — Nomenclature chimique. — *Introduction.* — *La Force* : Pesanteur. — Actions moléculaires. — *Calorique et Chaleur* : Température. — Mode de propagation de la chaleur. — Changement d'état des corps par la chaleur. — *Lumière.* — Réflexion de la lumière. — Réfraction. — Décomposition et recomposition de la lumière. — Applications diverses des phénomènes de la lumière. — Lunettes . — *Sons.* — Propagation. — Réflexion. — Vibration. — *Électricité.* — *Électro-Magnétisme.* — *Electro-Chimie.*

PHOTOGRAPHE (*L'étudiant*), traité pratique de photographie à l'usage des amateurs, avec les procédés de

MM. Civiale, Bacot, Cavelier, Robert, par A. CHEVALIER. 1 volume avec 68 figures . . . . 3 fr.

Ce livre est un manuel simplifié de photographie. Il sera utile à tous ceux qui voudront s'occuper des moyens de reproduire la nature à l'aide de la lumière. Comme son titre l'indique, c'est le livre de l'étudiant, et certes nous n'avons, en le livrant à la publicité, qu'un seul désir, celui d'être utile. Nous sommes sûrs des procédés indiqués, car nous avons dû expérimenter nous-mêmes celui relatif au collodion humide.

PIERRES PRÉCIEUSES (Voir Joaillier, page 40).

PISCICULTURE et AQUICULTURE FLUVIALES (*Manuel de*), appliqué au repeuplement des cours d'eau et à l'élevage en eaux fermées, par Albert LARBALÉTRIER, diplômé de l'École d'agriculture de Grignon, ancien élève libre de l'Institut national agronomique, ex-professeur de pisciculture, etc., 1 volume avec figures et tableaux. . . . . 4 fr.

EXTRAIT DE LA TABLE DES MATIÈRES. — *Pisciculture d'eau douce.* — Notions préliminaires. — PREMIÈRE PARTIE : *Les Poissons.* — Considérations générales. — Organisation des poissons. — Classification des poissons. — Description des ordres de poissons. — Nature des eaux douces. — Description, mœurs et genre de vie des principales espèces de poissons. — DEUXIÈME PARTIE : *Les procédés de multiplication et d'élevage.* — La Pisciculture naturelle : les Étangs, aménagement des cours d'eau. — La Pisciculture artificielle : Acclimatation des poissons, Fécondations artificielles, Incubation et éclosion, Alevinage et élevage, transport des œufs et des poissons, Frayères artificielles, Ennemis des Poissons. — TROISIÈME PARTIE : *Pêche en eau douce et législation.* — Pêche à la ligne, Pêche au filet. — Législation : Lois et règlements, Historique et considérations générales. — QUATRIÈME PARTIE : *Culture spéciale des Crustacés et Annélides d'eau douce.* — Écrevisse, Sangsues.

PLANTES FOURRAGÈRES (*Guide pratique pour la culture des*), par A. GOBIN, ancien élève de l'École de Grand-Jouan, ancien directeur de la colonie pénitentiaire du Val-d'Yèvres (Cher). 1 volume avec de nombreuses figures. . . . . 4 fr.

Première partie. — **PRAIRIES NATURELLES, PATURAGES.**

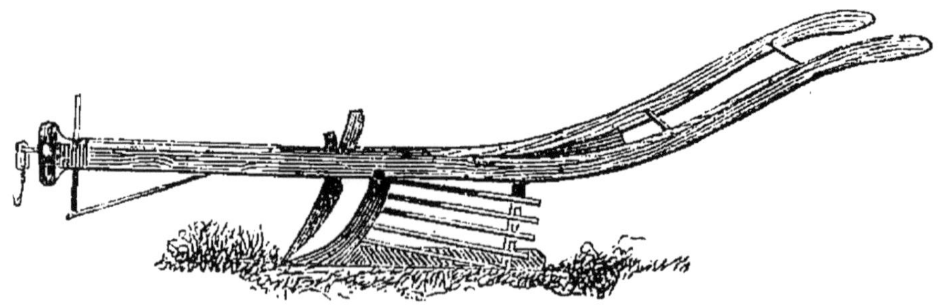

Figure spécimen du *Guide pratique pour la culture des Plantes fourragères.*

Deuxième partie. — **PRAIRIES ARTIFICIELLES, PLANTES, RACINES.**

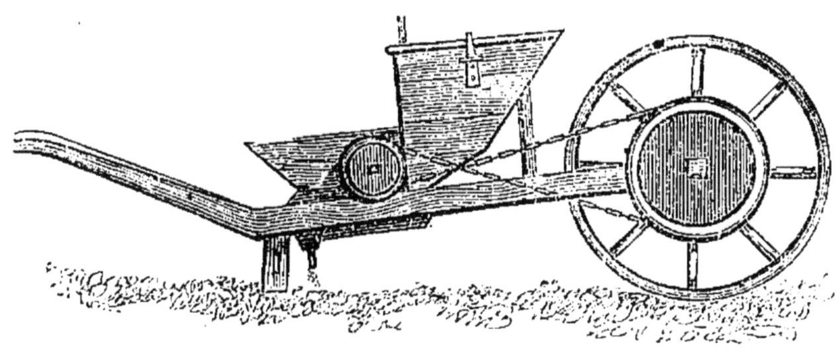

Figure spécimen du *Guide pratique pour la culture des Plantes fourragères.*

Les fourrages sont la base de toute culture, et il est admis aujourd'hui, par tous les agriculteurs intelligents, que pour avoir du blé il faut faire des prés. M. Gobin, guidé par sa grande expérience, a voulu rédiger un guide tout pratique indiquant tout ce qui doit être observé pour obtenir les meilleurs résultats et éviter les dépenses inutiles : mais, comme il le dit dans sa préface, si le titre même de son livre lui a fait une loi de se restreindre à la culture des plantes fourragères et de s'abstenir de considérations scientifiques inutiles au but qu'il poursuit, il ne s'est pas interdit les applications pratiques des sciences, en tant qu'elles se rapportent à l'explication des phénomènes ou à l'amélioration des méthodes de culture. « C'est là, en effet, dit-il, ce que nous entendons par la pratique, et non point seulement la routine manuelle, qui consiste à savoir tenir les mancherons de la charrue, charger une voiture de gerbes ou manier la faux, celle-ci suffit à un ouvrier, celle-là est nécessaire au moindre cultivateur intelligent. »

Ce guide peut être considéré comme le résumé des leçons professées avec tant de succès par M. Gobin à l'*Ecole de Grignon.*

PONTS ET CHAUSSÉES et de l'Agent voyer (*Guide pratique du Conducteur des*). Principes de l'art de l'ingénieur, comprenant : plans et nivellements, routes et chemins, ponts et aqueducs, travaux de construction en général et devis, par F. Birot, ingénieur civil, ancien conducteur des ponts et chaussées. 4e édition, revue et augmentée.

Première partie. — **ROUTES.** — 1 vol. accompagné de 12 planches doubles, contenant 99 figures. . . . . . 4 fr.

Deuxième partie. — **PONTS.** — 1 vol. accompagné de 8 planches doubles, contenant 44 figures. . . . . . . 4 fr.

Nous allons donner un extrait de la table des matières de ces volumes, devenus le *vade-mecum* des agents des ponts et chaussées.

Première partie. — *Chap. Ier.* — Tracé et mesure des lignes. Arpentage proprement dit. Mesure des angles. Levé à l'échelle. Instruments. — *Chap. II.*

Objets du nivellement. Niveaux de différents systèmes. Stadia. — *Chap. III.* Classification des routes. Projets. De la forme générale des routes. Tracé des courbes. Tables diverses. — *Chap. IV.* Construction des chaussées. Entretien des routes. Déblais et remblais.

Deuxième partie. — *Chap. I.* Ponts et aqueducs. Ponceaux. Murs de soutènement. Parapets. Voûtes biaises. Sondages. Pieux. Pilotis. Palplanches. Enrochements. — *Chap. II.* Des cintres et des ponts en charpente. — *Chap. III.* Études des matériaux employés dans les constructions. — *Chap. IV.* Du métrage et du devis. Avant-métré d'un aqueduc, d'un ponceau, etc.

L'auteur a terminé par le programme d'admission pour l'emploi de conducteur.

PORCHERIES (Voir Habitations des animaux, page 37).

POTASSES (*Guide pratique pour reconnaître et pour déterminer le titre véritable et la valeur commerciale des*), des **SOUDES**, des **CENDRES**, des **ACIDES** et des **MANGANÈSES**, avec neuf tables de déterminations, traduit de l'allemand par le docteur G.-W. BICHON, ancien élève de M. Liebig. Nouvelle édition, augmentée de notes, tables et documents. par R. FRÉSÉNIUS et le Dr WILL. 1 vol. avec figures. 2 fr.

Le livre de MM. Frésénius et Will est le résultat des recherches de ces deux savants chimistes étrangers ; c'est avec beaucoup de succès qu'ils sont parvenus à perfectionner les méthodes d'essais relatifs aux potasses, soudes, acides et manganèses.

POUDRES ET SALPÊTRES (*Guide pratique de la fabrication des*), avec un appendice par le major STEERK sur les *feux d'artifice*, par M. SPILT. 1 volume. . . . 4 fr.

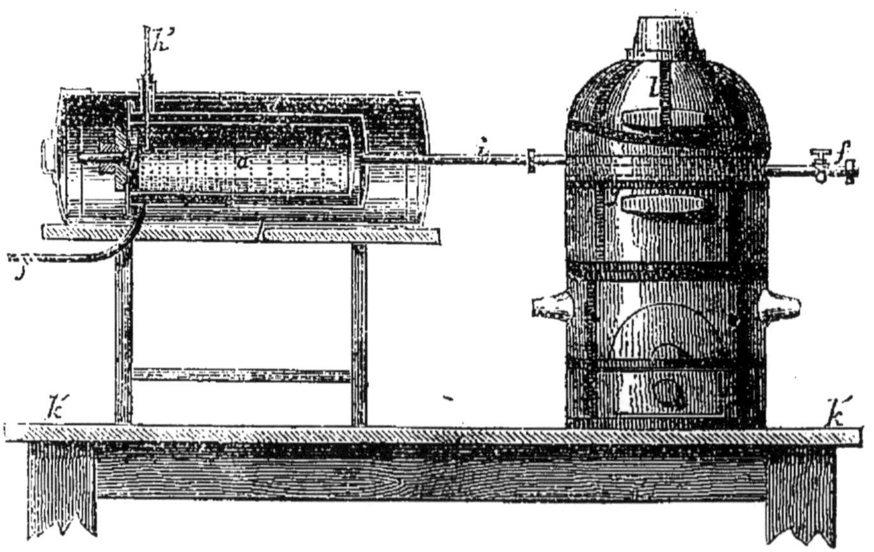

Figure spécimen du *Guide de la fabrication des poudres et salpêtres.*

Dès les premières lignes de ce livre, on s'aperçoit que l'auteur est un homme compétent dans la matière qu'il traite, et qu'à l'étude dans le laboratoire, le major Steerk a joint l'expérience en grand. Dans ses données, tout est rigoureusement exact, et on peut accepter l'auteur comme guide, sans craindre de se tromper.

L'appendice sur les feux d'artifice résume en quelques pages les notions nécessaires pour la confection de ces feux.

Sommaire des chapitres. — *Première partie :* Soufre, salpêtre, bois. — Charbon : carbonisation par distillation, par vapeur, analyses des charbons. — Poudres : poudres de guerre, poudres de mine, poudres du commerce extérieur et poudres de chasse. — Epreuves. — Combustion des poudres, dosages, analysés.

Deuxième partie : Feux d'artifice. — Historique, matières premières, produits chimiques, outils, cartonnages, cartouches, feux qui produisent leur effet sur le sol, feux qui le produisent dans l'air, sur l'eau, etc., feux de salon, feux de théâtre. Confection des principales pièces d'artifice.

POULES (*Éducation lucrative des*), ou traité raisonné de gallinoculture, par MARIOT-DIDIEUX, vétérinaire en premier aux remontes de l'armée, membre et lauréat de plusieurs sociétés savantes. Nouvelle édition. 1 vol. 4 fr.

L'éducation, la multiplication et l'amélioration des animaux qui peuplent les basses-cours ont fait depuis une quinzaine d'années de notables progrès. Répondant à un besoin de l'économie domestique, l'auteur de ce guide pratique a voulu faire un traité complet de gallinoculture dans lequel, après des considérations historiques, anatomiques et physiologiques sur les poules, il décrit les caractères physiques et moraux de quarante-deux races, apprend à faire un choix parmi ces races si diverses et indique les moyens de conservation et de multiplication des individus. Des chapitres spéciaux sont consacrés aux maladies, à la pharmacie gallinée, à la statistique des poules et des œufs de la France, etc.

Les ouvrages de M. Mariot-Didieux sont au premier rang parmi ceux qui enrichissent notre bibliothèque. Aussi voulons-nous, pour en mieux faire ressortir le mérite, donner ici le sommaire des principaux chapitres :

Gallinoculture. — De la poule, son antiquité, son utilité, expositions, concours, anatomie, considérations physiologiques, des sensations, voix du coq, voix de la poule. — Choix des races. — Signes extérieurs de la ponte. — Considérations sur les races de poules. — Races françaises, hollandaises, belges, anglaises, espagnoles, italiennes, prussiennes.— Races asiatiques, indiennes, japonaises, indo-chinoises. — Races syriennes, africaines, américaines. — Races de l'Océanie. — Du croisement des races. — Dépenses et produits de la poule. — Du poulailler, de la cour, des œufs. Moyens de reculer, d'augmenter ou d'avancer la ponte. — Fécondation du coq. — Castration ou chaponnage des coqs. — De l'incubation. — Elevage des poulets. — Maladies des poules. — De la saignée. — Pharmacie. — Vente des produits, etc.

R

ROSEAU (Voir Saule, même page).

ROUES HYDRAULIQUES (*Traité de la construction des*), contenant tous les systèmes de roues en usage, les renseignements pratiques sur les dimensions à adopter pour les arbres tournants, les tourillons, les bras de roues hydrauliques, etc., etc., par Jules LAFFINEUR. 1 volume avec de nombreux tableaux et 8 planches. . . . . 3 fr. 50

L'auteur démontre dans sa préface que le perfectionnement des machines motrices des usines est à la fois une nécessité d'intérêt général et privé. Dans son ouvrage, il recherche et il définit les principales conditions à remplir sous ce rapport, et il donne ensuite tous les détails relatifs à la construction des roues hydrauliques dans les meilleures conditions possibles.

Fidèle à la méthode qui lui est propre, M. Laffineur s'est surtout attaché à se faire comprendre par la simplicité des termes employés et par les nombreux exemples qu'il donne.

Les planches sont d'une grande netteté ; elles représentent tous les systèmes de roues en usage, roues à palettes, roues pendantes, roues en dessous et à aubes courbes, roues à augets, roues horizontales, roues à niveau constant, frein dynamométrique, etc.

ROUTES (Voir Ponts et Chaussées, page 53).

S

SALPÊTRES (Voir Poudres, page 54).

SAULE (*Guide pratique de la culture du*) et de son emploi en agriculture, notamment dans la création des oseraies et des saussaies, avec un appendice sur la culture du roseau, par M.-J. KOLTZ, chevalier de l'ordre R. G. D. de la Couronne de chêne, agent des eaux et forêts, etc. 1 volume avec 35 figures dans le texte . . . . 2 fr.

Ce travail a pour objet de faire ressortir les avantages que procure la culture du saule dans les terrains qui lui conviennent, et qui, le plus souvent, ne peuvent être rendus productifs qu'à l'aide de cette essence ; M. Koltz donne donc le moyen de mettre en produit des terrains vagues. Dans certains parages, le roseau commun forme le complément obligé de l'osier ; l'appendice que M. Koltz a consacré à cette plante renferme des détails intéressants, surtout pour les propriétaires de terrains aujourd'hui tout à fait improductifs.

SCIENCES PHYSIQUES (*Éléments des*), appliquées à l'agriculture; ouvrage divisé en deux parties, par A.-F. Pouriau, docteur ès sciences, ancien élève de l'Ecole centrale, professeur à l'École d'agriculture de Grignon.

Chaque partie se vend séparément.

Première partie. **CHIMIE INORGANIQUE**, suivie de l'étude des marnes, des eaux, et d'une méthode générale pour reconnaître la nature d'un des composés minéraux intéressant l'agriculture ou la médecine vétérinaire. 1 volume avec 153 figures dans le texte et tableaux. . . 7 fr.

Deuxième partie. **CHIMIE ORGANIQUE**, comprenant l'étude des éléments constitutifs des végétaux et des animaux, des notions de physiologie végétale et animale, l'alimentation du bétail, la production du fumier. 1 volume avec 65 figures dans le texte et tableaux . . . . 7 fr.

Figure spécimen des *Éléments des sciences physiques.*

M. Pouriau, aujourd'hui professeur et sous-directeur à l'École d'agriculture de Grignon, a été nommé secrétaire général de la Société d'agriculture de Lyon, à l'élection. Voilà quelques-uns des titres du savant professeur: quant à ses ouvrages, ils sont promptement devenus classiques et ils sont en même temps consultés avec fruit par tous les agriculteurs, les propriétaires, les gentilshommes-fermiers et par tous les gens d'étude et les gens du monde. Pour cette dernière classe de lecteurs, nous citerons le passage de la préface qui indique que cet ouvrage a été en partie rédigé à leur intention :

« Mais, d'autre part, je conseille aux gens du monde, que de semblables détails ne peuvent que médiocrement intéresser, de laisser de côté ces paragraphes, pour reporter leur attention sur les autres chapitres.

« Enfin, toujours guidé par le désir de satisfaire aux besoins de chaque classe de lecteurs, j'ai indiqué, *en note et séparément*, la préparation des principaux corps étudiés, parce que cette branche du cours ne saurait être utile qu'à ceux en position de faire quelques manipulations.

« Si les amis de la science agricole me prouvent, par un accueil bienveillant fait à mon livre, que j'ai suivi la bonne voie, je leur en témoignerai ma reconnaissance en leur offrant successivement les autres parties de mon enseignement. »

SERRURERIE (*Nouveaux Barèmes de*), par E. Rouland, 1 volume . . . . 4 fr.

Extrait de la table des matières. — *Balcons* en barreaux de fer rond avec ou sans ornements, en barreaux de fer plats, en barreaux de fer carré. — *Grilles fixes* en barreaux de fer rond avec ou sans petits barreaux, avec ou sans ornements. — *Grilles ouvrantes* à deux vantaux avec ou sans petits barreaux, avec ou sans ornements. — *Portes* à un vantail et à deux vantaux en fer à T avec panneaux tôle. — *Poids des fers*, fers plats, carrés, ronds, T et cornières double T. — *Poids des tôles*.

SOUDES (Voir Potasses, page 54).

SUCRES (*Guide pour l'essai et l'analyse des*), indigènes et exotiques, à l'usage des fabricants de sucre. Résultats de 200 analyses de sucres classés d'après leur nuance, par E. Monier, ingénieur chimiste, ancien élève de l'École centrale des arts et manufactures. 1 volume avec figures dans le texte et tableaux . . . . 3 fr.

L'auteur, après avoir rappelé les propriétés générales des substances saccharifères, donne les méthodes les plus simples qui permettent de doser avec précision ces mêmes substances. Quelques notes sur l'altération et le rendement des sucres soumis au raffinage terminent le travail de M. Monier, dont M. Payen a fait un éloge mérité devant l'Académie des sciences.

T

TEINTURIER (*Guide du*), manuel complet des connaissances chimiques indispensables à la pratique de la teinture, par Frédéric Fol, chimiste. Nouvelle édition. 1 volume avec 91 figures dans le texte. . . . . 4 fr.

En publiant cet ouvrage, l'auteur s'est proposé de répandre dans la population ouvrière qui s'occupe des travaux de teinture, les connaissances nécessaires des sciences sur lesquelles est basée cette industrie.

TÉLÉGRAPHIE ÉLECTRIQUE (*Guide pratique de*), ou *Vade-mecum* pratique à l'usage des employés des lignes télégraphiques, suivi du programme des connaissances exigées pour être admis au surnumérariat dans l'administration des lignes télégraphiques, par B. Miége, directeur de lignes télégraphiques. 1 volume avec 45 figures dans le texte. . . . . 2 fr.

TERMES TECHNIQUES (** *Dictionnaire des*) de la science, de l'industrie, des lettres et des sciences, par A. Souviron, professeur de technologie et d'histoire naturelle à l'Association polytechnique. 1 volume . 6 fr.

TISSUS (*Manuel du commerce des*). *Vade-mecum* du **Marchand de Nouveautés,** par Edm. Bourdain. 1 vol. 3 fr.

Sommaire des chapitres : Introduction. — Visite au magasin. — Tableau par rayon de tous les articles composant un magasin de nouveautés. — Table des villes de fabrique et des genres où elles excellent. — Tissus employés pour confectionner les divers vêtements et quantités employées. — Soins à donner aux étoffes. — Tissus étrangers. — L'Escompte. — Commission. — Teinture et couleurs. — Vêtements sur mesures. — Fourrures. — Termes techniques. — Conseils pour les achats. — Voyage d'achat. — Tableau des tissages mécaniques de France. — Représentants de fabrique. — Cravates et confections. — Comptabilité. — Monnaies et mesures étrangères. — Conseils aux employés de commerce.

****TRANSMISSIONS DE LA PENSÉE ET DE LA VOIX,** par Louis Du Temple, capitaine de frégate en retraite. 2e édit. 1 volume avec 62 figures. . . . 4 fr.

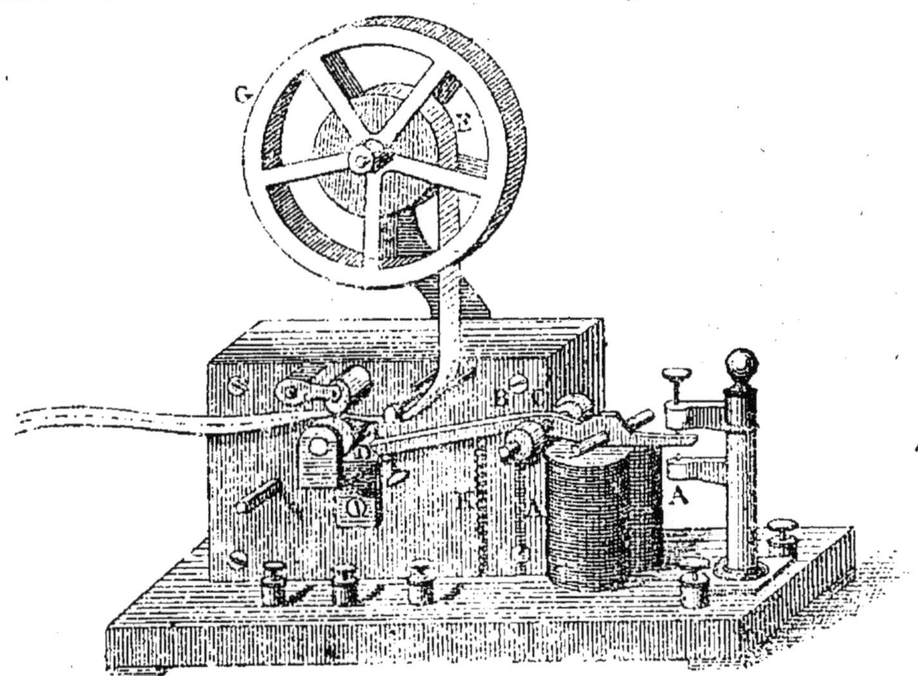

Figure spécimen de *Transmissions de la pensée et de la voix.*

Sommaire des principaux chapitres : *Organe de la vue et moyens employés pour la corriger.* — Structure de l'œil. — Marche des rayons lumineux dans l'œil. — *Organe de la voix.* — *Organe de l'ouïe.* — Oreille. — Comment l'homme peut diminuer les imperfections de l'ouïe. — *Langage.* — Définition. — Langage écrit. — *Papier.* — Historique. — Fabrication du papier. — Différentes espèces de papier. — *Imprimerie* ou *Typographie.* — Historique. — Gravure. — Lithographie. — Presses typographiques. — Clichage. — Gravure en creux. — Gravure en relief. — *Photographie.* — Historique. — Procédés. — *Électro-Métallurgie.* — Galvanoplastie. — Appareils galvanoplastiques, — Applications de la galvanoplastie. — *Télégraphes aériens, pneumatiques, électriques.* — *Téléphone.* — *Phonographe.* — *Aérophone.* — *Postes.*

V

VACHE LAITIÈRE (*Guide pratique pour le choix de la*), par Ernest Dubos, vétérinaire de l'arrondissement de Beauvais, professeur de zootechnie à l'Institut agricole de la même ville. 1 volume avec 7 planches. 2e édition. 2 fr. 50

Les diverses méthodes pour le choix des vaches laitières sont résumées dans ce livre. Les agriculteurs et les éleveurs y trouveront l'indication des signes qui peuvent les guider pour la conservation et l'acquisition des animaux qui conviennent le mieux à leurs exploitations. — Les figures représentant les diverses races de vaches laitières qui sont remarquables.

Dans le chapitre premier, l'auteur s'occupe de la stabulation, de l'alimentation et du rendement. — Le chapitre deuxième est consacré à l'étude du lait, ses modifications et ses altérations. — Dans les autres chapitres, l'auteur donne des renseignements pour reconnaître les propriétés du lait, le moyen de reconnaître les falsifications, les qualités exigées de la servante de ferme et la manière de traire. — Dans les chapitres sixième et septième, il indique les caractères et les méthodes qui peuvent guider dans le choix des meilleures vaches laitières.

VERNIS (*Guide pratique de la Fabrication des*), nouvelle édition, revue, corrigée et complètement refondue,

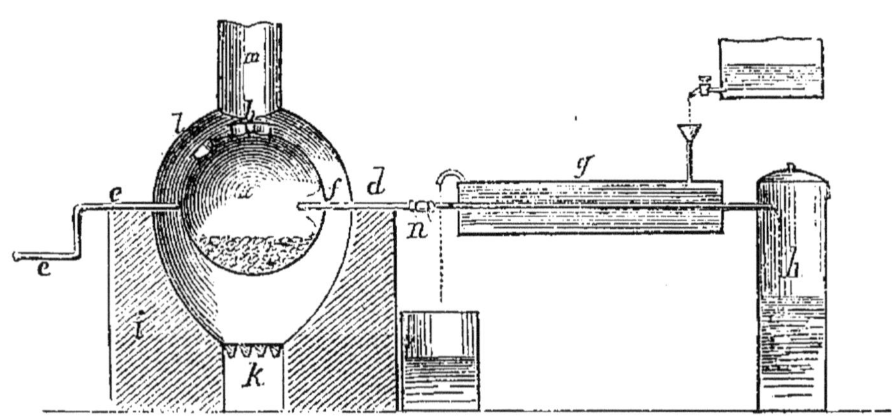

Figure spécimen de la *Fabrication des Vernis*.

de l'ouvrage de M. Tripier-Devaux, par H. Violette, ancien élève de l'Ecole polytechnique, commissaire des poudres et salpêtres, membre de plusieurs sociétés savantes. 1 volume avec figures dans le texte . . . . . . 6 fr.

Extrait de la préface. — Les vernis ne sont autres que des solutions de résines dans certains liquides. Ces liquides, qui sont ordinairement l'*éther*, l'*alcool*, l'*essence de térébenthine* et les *huiles*, donnent aux vernis qui en résultent des propriétés caractéristiques qui en déterminent l'usage. Cette désignation des liquides nous permet de diviser les vernis en quatre classes. — Vernis à l'éther. — Vernis à l'alcool. — Vernis à l'essence. — Vernis gras.

Cette division sera celle des quatre chapitres composant notre ouvrage : nous examinerons chaque classe successivement ; cet examen comprendra : 1° les propriétés physiques et chimiques, ainsi que la préparation du liquide employé à dissoudre les résines de cette classe ; 2° les propriétés physiques et chimiques, ainsi que l'origine des résines employées dans cette catégorie ; 3° la fabrication proprement dite des vernis, par le mélange des résines et liquides précédemment étudiés.

VIDANGE AGRICOLE (*Guide pratique de la*), à l'usage des agronomes, propriétaires et fermiers. Richesse de l'agriculture. Description de moyens faciles, économiques, salubres et pratiques, de recueillir, de désinfecter et d'employer utilement en agriculture l'engrais humain, par J.-H. Touchet, chef de service à la compagnie Richer. 2e édition, 1 volume avec figures. . . . . 1 fr.

Ce Guide, en ce qui concerne les vidanges et les différentes manières d'employer l'engrais humain, est le résumé des meilleures méthodes pratiquées actuellement. Les fermiers y trouveront tous les indications utiles. M. Touchet enseigne aux agronomes de la grande et de la petite culture des moyens simples et peu coûteux de se procurer de riches fumiers, richesses trop souvent négligées et perdues pour l'agriculture.

VIGNE (*La*) et ses maladies, contenant les causes et effets morbides depuis l'origine de sa culture jusqu'à nos jours, avec les moyens à employer pour les prévenir et les combattre. Précédé d'une description historique et botanique de cette plante précieuse, ainsi que d'une causerie sur l'oïdium et le phylloxera, par Serigne (de Narbonne), membre de plusieurs sociétés savantes. 1 volume. . 3 fr.

Sommaire des principaux chapitres. — Description historique. — Description botanique. — L'oïdium et le phylloxera. — Description historique de l'oïdium. — Maladies de l'oïdium. — Concours pour la guérison de l'oïdium. — Opinions émises sur l'oïdium. — L'oïdium est-il la cause de la maladie? — Remède adopté contre la maladie. — Effets du soufrage. — Causes réelles de la maladie. — Températures favorables ou nuisibles. — Influence des saisons et des météores. — Blessures ou plaies, blanquet ou pourridie, coulure, carniure chancre vitifère, clavelée, chlorose ou hydroémie, décrépitude, flottage, grapillure, niello, geule, stérilité. — Maladie des feuilles. — Pyrales. — Destruction de la pyrale à l'état de papillon, à l'état de larve ou chenille. — Moyens préventifs et moyens curatifs. — Destruction de la pyrale à l'éta d'œuf, etc.

VIGNERONS (*L'immense Tresor des*) et des **Marchands de Vin**, indiquant des moyens inédits pour vieillir instantanément les vins, leur enlever les mauvais goûts, même celui de terroir, colorer les vins blancs en rouge Narbonne, même d'une manière hygiénique et sans aucun coupage, éviter leur dégénérescence, partant, plus de vins aigres, amers, gras ou poussés; découverte d'un agent supérieur à l'alcool pour le maintien, la conservation et l'expédition lointaine des vins, par L.-F. Dubief, 5e édition revue, corrigée et considérablement augmentée. 1 volume. 3 fr.

Extrait de la table des matières. — De la connaissance des vins. — Appréciation et dégustation. — De la distinction. — Du mélange ou du coupage. — Du vinage. — Amélioration des vins. — De l'imitation des vins. — De la confection des vins mousseux. — Du vin muet et de ses avantages. — Des vins de liqueurs et de leurs imitations. — Recettes et opérations des vins de liqueurs. — *Méthode du Midi*. — *Méthode de Paris*. — De la conservation des vins en fûts pleins et en vidange. — Du soufrage ou méchage. — Du collage pour la clarification. — Arome, sève, bouquet et goût de terroir. — Du gouvernement et de la conservation des vins. — De la mise en bouteilles. — Des altérations. — Moyen de les prévenir et de les corriger. — Des altérations accidentelles et moyen de les guérir. — Disposition et conservation des tonneaux. — Contenance des fûts. — L'auteur termine son livre par une série de renseignements très utiles.

VIGNERON (**Guide pratique du*), culture, vendange et vinification, par Fleury-Lacoste, président de la Société centrale d'agriculture du département de la Savoie, membre de plusieurs Sociétés savantes. 1 volume. . 3 fr.

Dans la première partie, l'auteur donne les principes généraux pour la culture de la vigne basse : culture en ligne, orientation, la taille, le pinçage, les engrais, choix des cépages, 1re, 2e, 3e et 4e années.

La seconde partie, intitulée *Calendrier du Vigneron*, lui indique les travaux qu'il a à faire mensuellement. La culture des hautains sur treillages élevés dans les champs, remplit la troisième partie. — Quatrième partie : Nouvelles observations pratiques sur les phénomènes de la végétation de la vigne. — Cinquième partie : De la vendange et de la vinification : degré de maturité. — Du ban des vendanges. — Personnel. — Le nettoyage et l'écrasement des grains. — La cuve. — Le décuvage. — Enfin l'auteur termine en indiquant les soins à donner aux vins nouveaux et vieux.

VIN (*Guide pratique pour reconnaître et corriger les fraudes et maladies du*), suivi d'un traité **d'analyse chimique** de tous les vins, 2e édit., par Jacques Brun, vice-président de la Société suisse des pharmaciens. 1 volume, avec de nombreux tableaux. . . . . 3 fr.

L'art de falsifier les vins a fait ces dernières années de rapides progrès. La chimie ne doit pas se laisser devancer par la fraude : elle doit lui tenir tête et pouvoir toujours montrer du doigt la substance étrangère. Cette tâche, dit M. Brun, incombe surtout aux pharmaciens. Son livre est le résumé des différents traitements qu'il a trouvés réellement utiles, et qui, dans sa longue pratique, lui ont le mieux réussi pour l'examen chimique des vins suspects.

VINS FACTICES (*Guide pratique de la fabrication des*) et des boissons vineuses en général, ou manière de fabriquer soi-même les vins, cidres, poirés, bières, hydromels, piquettes et toutes sortes de boissons vineuses, par des procédés faciles, économiques et des plus hygiéniques, par L.-F. DUBIEF. 3e édition. 1 volume . . . . 2 fr.

M. Dubief a publié ce petit ouvrage, non seulement pour venir en aide aux personnes économes, mais encore, et plus, pour celles dont l'économie est une nécessité. Si elles suivent les prescriptions qui y sont indiquées, elles peuvent être assurées de bien fabriquer elles-mêmes et avec facilité toutes sortes de vins, bières, cidres, etc. Ainsi, il traite la cuvée des vins de raisin fabriqués avec le marc, avec sirop de sucre, de fécule. — Vin rouge de sucre. — Vin mousseux, de fruits, cerises, prunes, groseilles, etc., etc. — Vins de grains, céréales, etc. —Toutes les formules et les procédés indiqués par l'auteur sont simples et faciles, et il suffit de les avoir lus pour les mettre en pratique.

VINIFICATION (*Traité complet de*) ou art de faire du vin avec toutes les substances fermentescibles, en tout temps et sous tous les climats, par L.-F. DUBIEF. 4e édit. 1 volume . . . . 4 fr.

Volume contenant : Les moyens de remédier à l'intempérie des saisons relativement à la maturité du raisin. Le tableau des phénomènes de la fermentation et le meilleur moyen de la produire et de la diriger; les moyens particuliers de faire fermenter les marcs provenant de l'égrapillage du raisin et refermenter ceux qui ont déjà été fermentés; de procurer au vin plus de qualité par une seconde fermentation; de le vieillir sans faire de coupage, par des procédés simples et faciles; de lui enlever le goût de terroir, comme aussi d'obtenir des marcs de raisin, de l'alcool, de l'huile, de l'acide tartrique, etc. ; *et suivi* : des procédés de fabrication des vins mousseux, des vins de liqueurs, vins de fruits et vins factices, les soins qu'exigent leur gouvernement et leur conservation, les principes pour la dégustation et l'analyse des vins, etc., etc.

VOYAGEURS ET BAGAGES (Voir Exploitation des chemins de fer, page 23).

Le cartonnage toile de chaque volume se paye 0,50 c. en plus des prix indiqués.

TABLE DES NOMS D'AUTEURS

PAR ORDRE ALPHABÉTIQUE

Imprimeries réunies, C, rue du Four, 54 bis, Paris — 5973.

Paris. — Imp. Gauthier-Villars et fils.

www.ingramcontent.com/pod-product-compliance
Ingram Content Group UK Ltd.
Pitfield, Milton Keynes, MK11 3LW, UK
UKHW020305230726
13925UKWH00001B/230